輕盈感花樣織片の

純手感鉤織

❀手織花朵項鍊×斜織披肩×編結胸針×派對包×針織裙……❀

Ha-Na ◎著

Section I

享受花樣織片的樂趣

螺旋捲針的
花樣織片

如同曲線集合體般的螺旋捲針花樣織片
讓人不禁成了它那無敵可愛感的俘虜。
圓形、花朵、幸運草……
可直接作成鈕釦或縫製成飾品。
以少量織線就能完成,
預先製作數個收集起來也是趣味十足哩!

How to make / p.31 練習作品

Contents

Section I
享受花樣織片的樂趣

Section II
享受花樣編的樂趣

Lesson

派
對
包

將相同規格的圓形花樣織片
拼接、再拼接。
正因為費心多下功夫,肯定會成為令人鍾愛的作品,
以受人喜愛的經典單色系,展現出純潔感。
袋底花樣織片的不同處是特色重點。
提把型的口金則出奇簡單地就能完成安裝。

花朵項鍊

螺旋捲針若以單色編織，
針目的立體感將更為顯著，
並且呈現出不同的面貌。
在此以白色或淺駝色帶出簡潔感，
並一邊改變大小，
一邊拼接統整成高雅的月牙形。

How to make / p.41

圈圈項鍊 & 耳環　RING！RING！

依捲繞方式的不同，令人充滿期待感的百變長項鍊。
以2環、4環纏繞，顏色將整齊地劃分為二；
若以3環、5環纏繞，顏色則會混雜在一起。
搖曳的耳環建議成對製作，
使具有律動感的花樣織片，
輕盈優雅地垂墜於臉旁。

植物穗飾的
方眼編織披肩

這是從以前開始就一直想要創作的設計。
以玉針編織的方眼編花樣作為基底織片，
再於邊緣裝飾四種穗飾＆三種花朵圖案，
耗費時間細心製作而成的華麗作品。

How to make ／ p.46

綻放繽紛花朵的手拿包

以織片毛茸茸又可愛的背面為正面，
大量使用裝飾在包包上。
並且以褶襉作出飽滿的袋形。
夾在腋下時，袋口處的弧度會美麗地沿著身體貼合。
花朵織片與p.7披肩相同。
以絢麗多彩的顏色編織，印象就會隨之改變了。

花朵裝飾墊

將小小的花朵織片拼接而成的裝飾墊。
只要挑選春天的色彩，
就能幻化出如花田般繽紛亮眼的作品。
不論是杯墊還是茶壺墊等，
配置成喜愛的尺寸，都很好看。

How to make / p.45

珍珠裝飾圖案的

墜飾&戒指

統一在織片中鑲嵌珍珠，
作出具有系列感的全新配件。
不論是串連拼接或單獨存在，都非常可愛。
隨著使用方式的不同，
彷彿也能創作出更加多變的飾品。

三色菫＆
亞洲風編結胸針

三片花瓣的織片隨著拼接方式的不同，
就能讓人享受到富有變化的樂趣。
疊放在一起時，可以作成三色菫，
加以組合之後，則變成了亞洲風編結般的形狀。

How to make / p.51

向陽的葉子裝飾墊

此裝飾墊以朝向圓中心的葉子花樣為設計重點，
取自於植物自然地由大地往天空生長的意象。
至今為止，雖然設計過各式各樣的裝飾墊，
但是，往中心處勾勒出花樣的經驗卻還是第一次呢！

膝
上
毯

以最愛的芥末黃製作春天的膝上毯。
大片的花樣織片在用色方式上特別下功夫。
在編織花樣織片的途中就已覺得很可愛，
對下一個作品的幻想力更是不斷擴大湧現。
兩種花樣織片的拼接方法也是製作關鍵。

How to make ╱ p.52

大花三角披肩

令人印象深刻的六瓣大花織片披肩。
由圓形織片延伸的線條,
將所有的花樣織片拼接連結。
少了緣編的框限,
織片輕巧搖曳的模樣也更加生動自然。

大花鐘形帽

與柔軟的三角披肩使用同款的花樣織片，
改成與密實帽子結合的設計。
帽頂與帽緣較為簡單，
緣編則為了保有帽緣的硬挺張力，
進行了充分展現厚度的織法。

How to make / p.56   15

捲
尺
套
&
鉤
針
收
納
袋

不僅是表袋，線繩與鈕釦也是編織而成，就連內裡也裝飾了花樣織片。
這是不太擅長縫紉的我，為了喜愛的編織而製作的鉤針收納袋。
同款的捲尺套刻意讓花朵中央鼓起，作為「按鈕」的記號。
捲尺前端，為了容易抽取，而縫上豆芽狀的花樣織片。

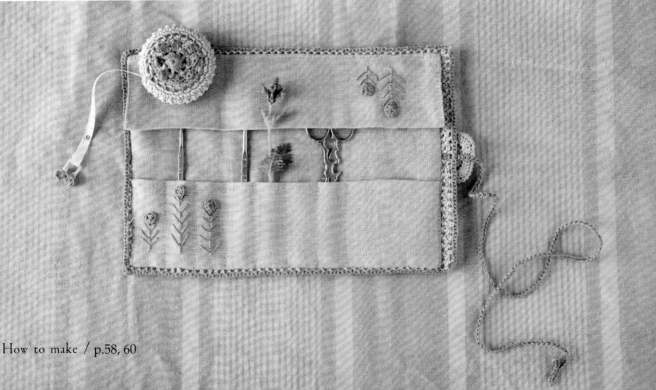

針
插
×
2

看似兩種不同造型的針插，
使用的織片卻是相同的。
花呢線的彩點大多出現於背面，
因此製作時使用織片的背面作為表面。
棉花填入的多寡則依個人喜好即可。

Section II
享受花樣編的樂趣

杉綾織手環

此作品使用我親自設計的織法——杉綾織。
手環最能簡單體現此織法的花樣。
請試著作為開始編織的第一步，
以纖細的蠟繩完成精巧的作品。

馬歇爾包

以手環作為練習，
熟悉了杉綾織的織法後，
請嘗試編織稍微大一點兒的作品。
為了能呈現出杉綾織的花樣，
因此是以每段變換編織方向的往復編來進行鉤織。
此作品為了使其花樣更加鮮明，
特地作成了橫條紋的配色。

How to make / p.64

串珠編織口金包

袋底使用短針的筋編，
側面則以長針將串珠織入其中。
請享受袋底完全織滿串珠，
及側面鮮明花樣之間不同的樂趣。
就連內側的織片也非常美麗喔！
啪地一聲打開口金時，也會為你帶來開心的感覺。

愛
心
書
套

無論是串珠的口金包或這個書套，
都是松編花樣。因運用顏色的變換，
讓心形圖案鮮明地浮現出來。
彷彿從主體中跑出來似的心形書籤墜飾
則是以立體的花樣織片製作而成。

褶
襉
針
織
裙

以亞麻線編織而成的光滑織片，
作出令人感覺心情舒暢的裙子。
此作品將橫向編織的織片縫製成縱向花樣。
僅於前片抓褶襉，每當行走時，
裙襬搖曳的剪影更顯得特別美麗。

斜織開襟衫

方眼編＆七寶針。
將兩種花樣配置成較粗的橫條紋，
使斜向的線條清楚地呈現出來。
由正面看起來就像是披肩般的開襟衫，
是將平行四邊形摺疊之後
製作而成的簡單設計。

How to make / p.70 練習作品

斜織披肩

將開襟衫的花樣減少針數段數，編織而成的披肩。
首次接觸七寶針的初學者，請試著從此作品開始編織。
煙燻粉紅不會太過甜膩，
正適合春天的穿搭。

26

How to make / p.70。 練習作品

螺
線
花
樣
襪

一層層地編織出斜向花樣的新穎襪子。
由於腳尖處與腳後跟是之後再拼接上去，
因此即使破損也可以更換。
請享受編織時愉快的心情，
試著以不同的顏色多編織幾雙吧！

How to make / p.72

襪
套

從鎖針起針開始編織。
那般理所當然的事，早已讓人感到厭煩了，
不如試著將起編處稍加變化玩一下吧！
此作法整體非常簡單。
網狀編是以雙排進行，
為使立起針位置形成筆直狀，
因此以往復編進行。

花漾點點
迷你包

在編織時腦海中浮現出新的創意，
而改編了裙子的設計，
作出水玉點點的花樣。
透過渡線技法的巧思，
使織片看起來更加美麗。

How to make / p.74

Lesson

photo
p.2

a
1 2 3

b

c

d

線材… Hamanaka APRICO（30g／球）
　　　a-1・c　米白色（1）・粉紅色（5）各少量
　　　a-2・b　米白色（1）・橄欖綠（27）各少量
　　　Hamanaka Wash Cotton《Crochet》（25g／球）
　　　a-3・d　白色（101）・芥末黃（104）各少量
用具… 3/0號鉤針
密度… 螺旋捲針　1段0.8㎝
尺寸… 參見織圖

織法… 取1條織線，依照指定顏色編織。
a-1・2以米白色，a-3以白色進行輪狀起
針，再取2色交替織入12針螺旋捲針。第2
段則編織短針2併針。
b・d以輪狀起針後，b織入7針短針，d織
入8針短針。第2、3段更換色線，依照織
圖編織。
c以輪狀起針，織入8針短針。第2段更換
色線，鉤織16針螺旋捲針；第3段編織短
針2併針。

a
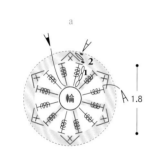

1.8

―――　= a-1・a-2 米白色
　　　　a-3 白色
――　= a-1 粉紅色
　　　　a-2 橄欖綠
　　　　a-3 芥末黃

b
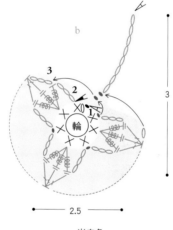

3

2.5

――― =米白色
―― =橄欖綠

c
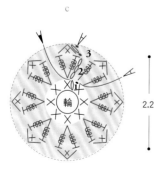

2.2

――― =米白色
―― =粉紅色

d
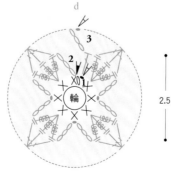

2.5

――― =白色
―― =芥末黃

=螺旋捲針（繞線5次）

=接線處

=剪線處

c 的織法

*螺旋捲針的基礎技法。
為了更淺顯易懂，因此改以不同色線示範。

¦ =螺旋捲針
（繞線5次）

V =2螺旋捲針
加針

1

米白色線作成輪狀起針，織入8針短針後引拔，剪斷織線。第2段改換成粉紅色織線，鉤織立起針的3針鎖針。

2

鉤針繞線5圈。 POINT！為了避免織線鬆動，請拉緊捲繞的織線。

3

鉤針穿入短針第1針的針頭，掛線拉出。

4

將織線拉長與立起針的3鎖針相同高度，並以針尖引拔繞作的1個線圈（參見步驟6 POINT）。

5

引拔完成。引拔的1個線圈捲繞在織線的針腳的模樣。

6

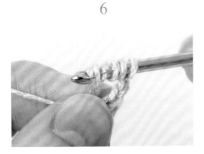

下一針開始亦依照相同方式，以針尖一條一條地引拔。 POINT！一邊以手指緊緊按住針腳，一邊進行引拔。

7

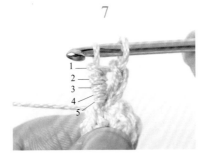

5個線圈引拔完成。

8

鉤針掛線，一次引拔掛於鉤針上的2個線圈。

9

織完1針螺旋捲針。

10

重複步驟2至8，並於步驟3的同一針目中織入第2針，此即「2螺旋捲針加針」。

11

依照相同方式，於1針短針中織入2針螺旋捲針，完成1段。第16針將鉤針穿入前段引拔針的針目中編織。藉由此處的編織，使其與立起針之間不留空隙。

12	13	14

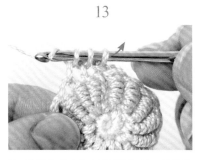

最後跳過立起針的針目，直接引拔螺旋捲針第1針的針頭。

第3段是鉤織立起針的鎖針1針，並將鉤針穿入螺旋捲針的針頭，編織短針2併針。

以短針2併針編織1段，最後鉤織引拔針。收針藏線之後，即完成。

a 的織法

＊每1針更換色線的方法。
為了更淺顯易懂，因此改以不同色線示範。

1	2

將線端作成環圈，鉤織立起針的3針鎖針，並依照c的步驟2至7的要領，編織至螺旋捲針最後的引拔為止。

如圖所示，將米白色織線掛於鉤針上，暫時休針。

3	4	5

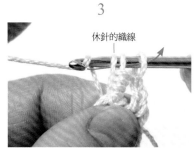

休針的織線

將粉紅色織線掛於鉤針上，一次引拔掛於鉤針上的3個線圈。

引拔完成。織完1針螺旋捲針。

緊接著以粉紅色接續鉤織至螺旋捲針最後的引拔，同步驟2一樣的方式，鉤針掛線後暫時休針。

6	7	8

休針的織線

將米白色織線掛於鉤針上，一次引拔掛於鉤針上的3個線圈。

重複步驟1至6，每1針皆更換色線，編織1段螺旋捲針。

織完1段之後拉緊中央環圈，最後於螺旋捲針第1針的針頭處引拔。第2段依照c的步驟13，以短針2併針編織1段。

杉綾織手環

photo
p.18

a

b

線材 … Hamanaka 蠟繩（直徑1mm／H773-645）7 m
　　　　a 米白色（002）　b 黃色（013）
用具 … 6/0號鉤針
其他 … 直徑2cm鈕釦1個
密度 … 杉綾織　23.5針10cm・2段1.5cm
尺寸 … 手圍18cm

織法 … 取1條織線編織。
　　　　鎖針起針40針，並以杉綾織
　　　　編織2段。接續鉤織7針鎖針
　　　　作為釦環，接縫於起針針
　　　　目。接縫鈕釦。

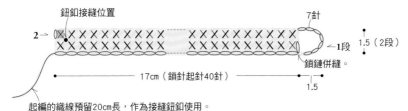

鈕釦接縫位置

7針

2→

1段

鎖鏈併縫。

17cm（鎖針起針40針）

1.5

1.5（2段）

起編的織線預留20cm長，作為接縫鈕釦使用。

= 短針的裡編

= 杉綾織表編

= 杉綾織裡編

※第1針不進行杉綾織，鉤織短針。

＜第1段＞

1

起編的織線預留20cm長，鉤40針鎖針作
起針。

2

第1段的第1針是挑鎖針裡山鉤織短針。

3

＊杉綾織表編

鉤針穿入步驟2中短針的左側針腳處。

4

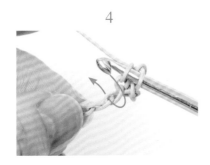

將鉤針穿入起針的鎖針裡山。

5

鉤針掛線，並由步驟4挑針的針目中鉤出
織線。

6

鉤出的針目　　　左側的針腳

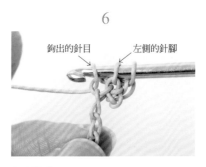

鉤出織線。

34

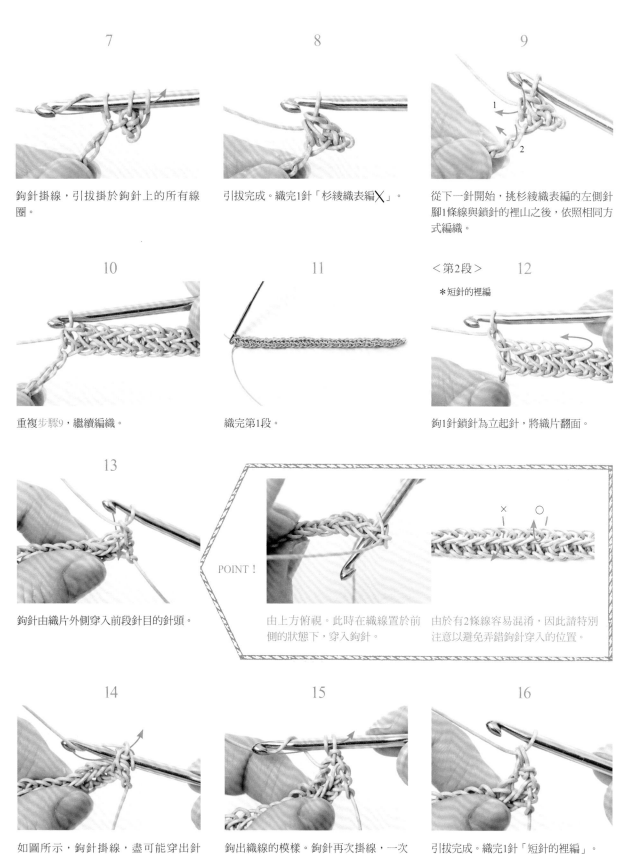

7

鉤針掛線，引拔掛於鉤針上的所有線圈。

8

引拔完成。織完1針「杉綾織表編X」。

9

從下一針開始，挑杉綾織表編的左側針腳1條線與鎖針的裡山之後，依照相同方式編織。

10

重複步驟9，繼續編織。

11

織完第1段。

<第2段> **12**

＊短針的裡編

鉤1針鎖針為立起針，將織片翻面。

13

鉤針由織片外側穿入前段針目的針頭。

POINT！

由上方俯視。此時在織線置於前側的狀態下，穿入鉤針。

由於有2條線容易混淆，因此請特別注意以避免弄錯鉤針穿入的位置。

14

如圖所示，鉤針掛線，盡可能穿出針目，鉤出織線。

15

鉤出織線的模樣。鉤針再次掛線，一次引拔2個線圈。

16

引拔完成。織完1針「短針的裡編」。

17

＊杉綾織裡編

鉤針由織片外側穿入短針裡編的左側針腳。

18

接著再從外側穿入前段針目的針頭。參見步驟13的POINT。

19

鉤針掛線，小心穿出針目，鉤出織線。

20

鉤出的針目　　左側的針腳

鉤出織線的模樣。鉤針再次掛線，一次引拔掛於鉤針上的所有線圈。

21

引拔完成。織完1針「杉綾織裡編╳」。

22

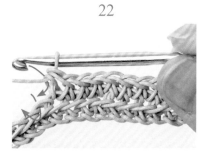

從下一針開始，由外側挑織杉綾織裡編的左側針腳1條線＆前段針目的針頭之後，依相同方式編織。

23

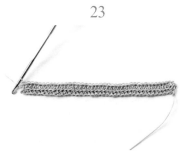

織完第2段的模樣。

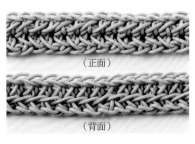

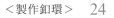
（正面）

（背面）

編織2段後，就會呈現出杉綾織的人字形花紋。

＜製作鈕環＞ 24

＊鎖鏈併縫

接續鉤織7針鎖針之後休針，線端預留15cm長剪斷，穿於縫針之中。挑縫起針邊端的針目。

25

拉出織線，縫針穿入鎖針的第7針。

26

調整織線拉成1針鎖針的大小。

27

以步驟1預留的織線，將鈕釦接縫上去。收拾針藏線，即完成。

串珠編織口金包

photo
p.20

線材 ⋯ Hamanaka Wash Cotton《Crochet》（25g／球）20g
　　　a 原色（102）　 b 水藍色（135）
用具 ⋯ 3/0號鉤針　串珠針　竹籤　錐子　尖嘴鉗
其他 ⋯ 大玻璃圓珠1868顆　a⋯珊瑚橘　b⋯米白色
　　　口金（7.8×5.5cm／INAZUMA BK-772）古銅金 1組
　　　手工藝用白膠
密度 ⋯ 花樣編　1組花樣2.2㎝・8段5.5㎝
尺寸 ⋯ 參見織圖
織法 ⋯ 取1條織線編織。
　　　事先於織線上穿好串珠。輪狀起針鉤織袋底，第1段為短針，第2段
　　　以後一邊織入串珠，一邊鉤織15段短針的筋編。側面則是一邊織入
　　　串珠，一邊鉤織8段花樣編，並接續鉤織2段短針的筋編。最後再安
　　　裝上口金。

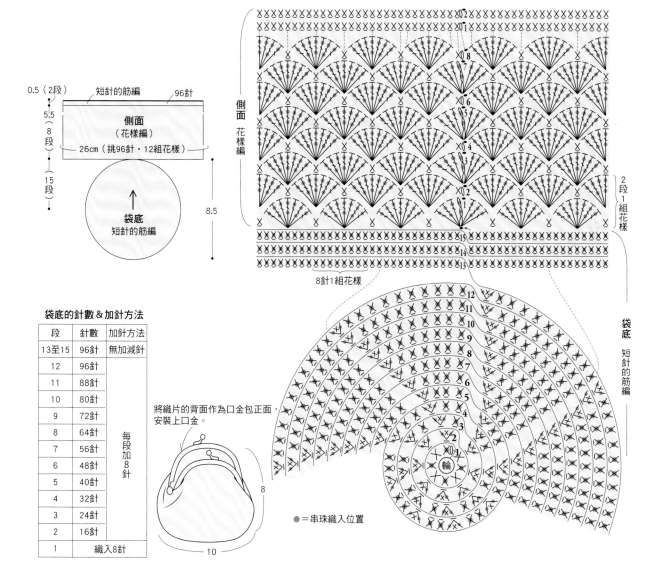

0.5（2段）　　短針的筋編　　96針

5.5
（8段）

15段

側面
（花樣編）
26cm（挑96針・12組花樣）

袋底
短針的筋編

8.5

側面
花樣編

2段1組花樣

8針1組花樣

袋底
短針的筋編

袋底的針數＆加針方法

段	針數	加針方法
13至15	96針	無加減針
12	96針	
11	88針	每段加8針
10	80針	
9	72針	
8	64針	
7	56針	
6	48針	
5	40針	
4	32針	
3	24針	
2	16針	
1	織入8針	

將織片的背面作為口金包正面，
安裝上口金。

8

10

●＝串珠織入位置

<table>
<tr><td>1</td><td><編織袋底>　2</td><td>3</td></tr>
</table>

1　　　　　　　　　　<編織袋底>　2　　　　　　　　　　3

使用串珠針，事先於織線上穿好1868顆串珠。

將線端作成環圈，鉤織立起針的鎖針1針。進行短針的引拔時，將串珠拉近至針目端，鉤針掛線後，引拔鉤出。

引拔完成，串珠出現在針目的背面。

4　　　　　　　　　　5　　　　　　　　　　6

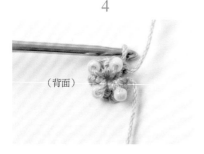

（背面）

第1段交替鉤織4次織入串珠＆不織入串珠的針目，共織入8針。

第2段以後，全部的針目都織入串珠。由於第2段共計織入16顆串珠，因此請事先分出16顆。　POINT！每段皆依此作法，即可預防忘記添加串珠，或針數不足的情況發生。

第2段以後不接立起針，而是直接鉤織短針的筋編。

7　　　　　　　　　　　　　　　　<編織側面>　8

（正面）

一邊於每段增加8針，一邊鉤織至第12段。

（背面）

織入串珠的背面。

無加減針編織3段，最後鉤引拔針，接續鉤織側面。鉤織立起針的鎖針1針，第2針則將串珠挪近之後引拔。

9　　　　　　　　　　10　　　　　　　　　　11

於第3針中織入串珠。

下一針是在長針中織入1顆串珠。鉤織長針的最後引拔前，將串珠挪近，再掛線引拔。

引拔完成，織入1顆串珠。

12

下一針是在長針中織入2顆串珠。將鉤針穿入步驟10的同一針目，掛線鉤出後，再將1顆串珠挪近，鉤針掛線，引拔2個線圈。

13

再次將1顆串珠挪近，鉤針掛線，引拔2個線圈。

14

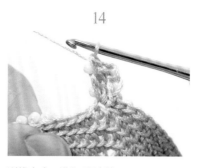

引拔完成，織入2顆串珠。

15

（背面）

以同樣的方式進行，依照p.37的織圖所示，一邊鉤長針，一邊織入1顆或2顆串珠。

16

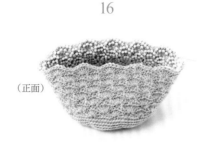

（正面）　　（背面）

無加減針的編織8段。看起來像是松針的此花樣被稱為「松編」，正面會有串珠相等間隔地從縫隙裡露出。

17

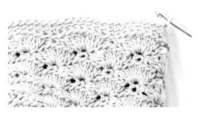

不織入串珠，接續鉤織2段短針的筋編。由於此織片是將背面當作正面使用，因此收針藏線之後，需事先翻至背面。

<安裝口金>　18

以竹籤將白膠均勻地塗抹在口金的溝槽內。

19

將織片的脇邊與口金的脇邊對齊之後，插進溝槽內。

20

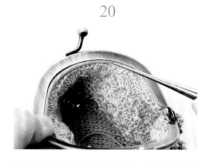

將紙繩放入溝槽的縫隙中，並以錐子輔助塞入。　POINT！當紙繩太粗時，可先恢復原狀後，縱向撕開，再重新搓撚紙繩。

21

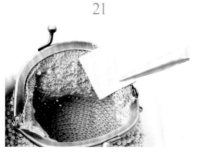

從正面確認織片是否確實地放入口金內。再以尖嘴鉗，隔著擋布輕輕夾緊口金脇邊。

22

以濕紙巾擦淨多餘的白膠，在白膠確實乾燥為止，先暫時打開袋口。完成！

七寶針的織法

*p.24「斜織開襟衫」、p.26「斜織披肩」中
使用的織片。作品織圖參見p.70。

花樣編A

1

鉤織立起針的1針鎖針,再織1針短針。

花樣編A

2

將步驟1掛於鉤針上的針目拉長至鎖針
2.5倍左右的長度,然後鉤織1針鎖針。
拉長的針目參見記號的「◯」處。

3

將鉤針穿入步驟2中拉長的鎖針裡山。

4

鉤針掛線,鉤出織線。

5

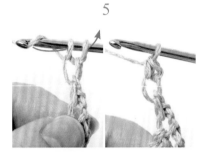

鉤針再次掛線,編織短針。
POINT!此時,短針要織得稍緊一些。
如果這一針織得較鬆,接下來拉長針目
時,整體將會變得過於寬鬆。

6

將步驟5掛於鉤針上的針目拉長,並依照
步驟2至5的相同方式編織。

7

在拉長的鎖針上鉤織短針,完成2次後,
在前段的鎖針挑束,鉤織短針。

8

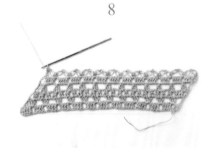

重複步驟2至7,編織1段。邊端針目鉤織
長長針。

9

第2段。依第1段的相同方式編織,於前
段短針的針頭處穿入鉤針,編織短針。

10

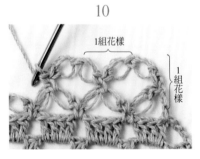

以2段1組花樣形成「七寶編」。

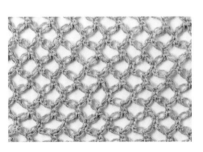

完成時每1段皆錯開半個花樣。

花朵項鍊

線材 ··· Hamanaka Wash Cotton（40g／球）
米白色（2）10g　淺米色（3）5g

用具 ··· 5/0號鉤針　平嘴鉗

其他 ··· 鍊條16cm×2條　C圈4個
龍蝦釦1個　延長鍊1條

密度 ··· 螺旋捲針　1段1.4cm（繞線7次）
1.2cm（繞線5次）

尺寸 ··· 參見織圖

photo
p.5

織法 ··· 取1條織線，以米白色編織花朵織片，以淺米色編織葉子織片。

花朵織片大・中・小皆以輪狀起針，依照圖示編織。葉子織片是鉤6針鎖針起針，依照圖示編織。依照圖示拼接各織片，並以C圈串連鍊條、龍蝦釦、延長鍊，再將C圈接縫在小花朵織片的背面。

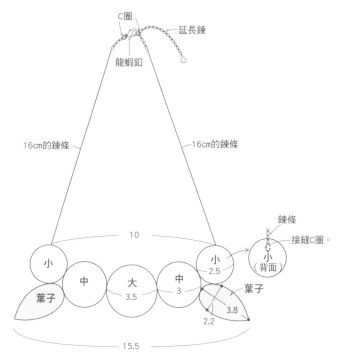

小
螺旋捲針繞線5次。

中
螺旋捲針
繞線5次。

花朵織片
大
螺旋捲針繞線7次。

葉子織片
螺旋捲針
除了特別指定之外
皆繞線5次。

繞線4次
起針處
繞線4次
繞線3次
繞線3次
收針處

※花朵織片大・中・小是在最終段的針目中穿入收針的線端後，於背面束緊，線端請事先預留。

※葉子織片是將最終段的針目以收針的線端藏針縫。

C圈
延長鍊
龍蝦釦
16cm的鍊條
16cm的鍊條
鍊條
接縫C圈。
小（背面）
10
小
中　大　中
葉子
3.5　　3
小 2.5
葉子
3.8
2.2
15.5

花樣織片的拼接方法

織完所有的織片之後，以預留的線端挑螺旋捲針的針腳＆針頭交界的2條線，依照藏針縫的要領進行接縫。

線材 … Hamanaka Wash Cotton（40g／球）
　　　米白色（2）210g
用具 … 5/0號鉤針
其他 … 木棉布（裡袋）48×36cm
　　　穿桿式手挽口金（寬18cm／INAZUMA
　　　Ben Lee BK1054／古銅金）1個
密度 … 螺旋捲針　1段1.2cm
尺寸 … 參見織圖

織法 … 取1條織線編織。
花樣織片是以輪狀起針，並依照織圖編織必要片數。參見尺寸配置圖，依號碼順序拼接織片。裡袋依照圖示縫製之後，放入織片內，以捲針縫縫合袋口處。最後再穿入口金。
※花樣織片的拼接方法參見p.44。

花樣織片的拼接方法
※以事先預留的線端，挑引拔針針目的內側1條線，進行捲針縫（參見p.44）。

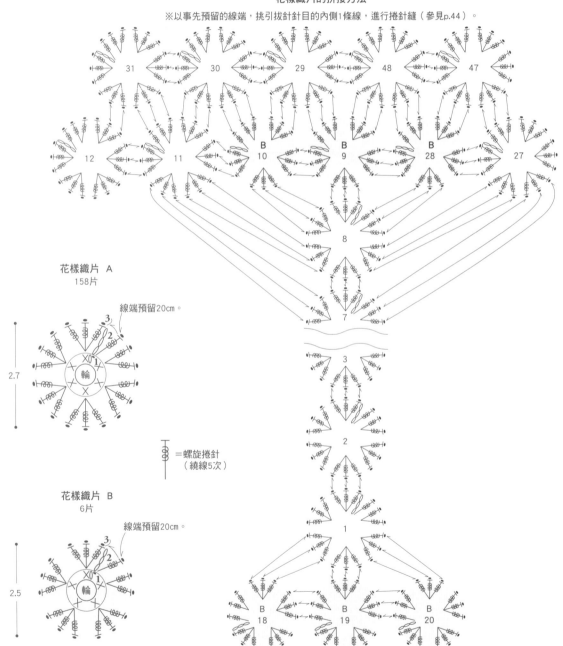

花樣織片　A
158片

線端預留20cm。

2.7

＝螺旋捲針
（繞線5次）

花樣織片　B
6片

線端預留20cm。

2.5

尺寸配置圖　花樣織片的拼接　164 片　　※除了特別指定之外，皆為花樣織片 A。

54（20片）

21.5（8片）　　　　　　　　　　　　　　21.5（8片）

脇邊　　　　　　　　　脇邊

袋口　2.5（1片）

側面　16（7片）

156　150　149　130　129　148　164　158　157　140　139
138　　　　　　　　　110　109　128　　　　　120　119
118　　　　　　　　　　90　89　108　　　　　100　99
98　　　　　　　　　　70　69　88　　　　　80　79
78　　　　　　　　　　50　49　68　　　　　60　59
58　　　　　　　　　　30　29　48　　　　　40　39
38
B18　17　16　15　14　13　12　11　B10　B9　B28　27　26　25　24　23　22　21　B20　B19

21.5（8片）

袋底

8　7　6　5　4　3　2　1

※依照號碼順序拼接。

2.7（1片）

裡袋

（　）內為縫份

(1)　(1)　(1)

主體
1片

布紋方向　16

34

摺雙

28

提把穿通處
2片
（距邊1cm）

6

20

裡袋的縫法

①接縫上提把穿通處。

（背面）　縫合
0.5

1

提把穿通處（正面）

摺雙

對齊中央後縫合。

主體（正面）

②將主體縫合成袋狀。

主體（背面）

正面相對，對摺車縫。

③內摺袋口處的縫份。

（背面）

④放入裡袋之後，將袋口處藏針縫
＆穿入口金。

藏針縫固定。
裡袋（正面）

解開單側的螺絲，
將口金穿於提把穿通處後，
再次將螺絲鎖緊固定。

18.5
54
21.5　2.7

圈圈項鍊&耳環

RING！RING！

photo p.6

線材 … Hamanaka Dear Linen（25g／球）
項鍊／白色（1）・灰褐色（2）各10g
耳環／白色（1）5g

用具 … 3/0號鉤針
串珠針（項鍊）
平嘴鉗（耳環）

其他 … 項鍊／三切珠大40顆
耳環／耳針五金1組
直徑3.8mm的C圈2個

尺寸 … 參見織圖

織法 … 取1條織線編織。
圈圈織片是以鎖針的輪編起針（p.47），鉤織2圈5針短針的環圈，織入12針短針後，再接續鉤織5針鎖針，依照相同方式製作第2個圈圈織片。重複此步驟，鉤織串接必要數量的圈圈織片。

項鍊／以白色＆灰褐色分別鉤織4條串接16個圈圈織片的繩鍊，一邊於之間添加串珠，一邊交替拼接。

耳環／鉤織5個圈圈織片的繩鍊，並且接縫連續編織4個與2個圈圈的織片。再接縫上C圈，將耳針五金穿於C圈上。

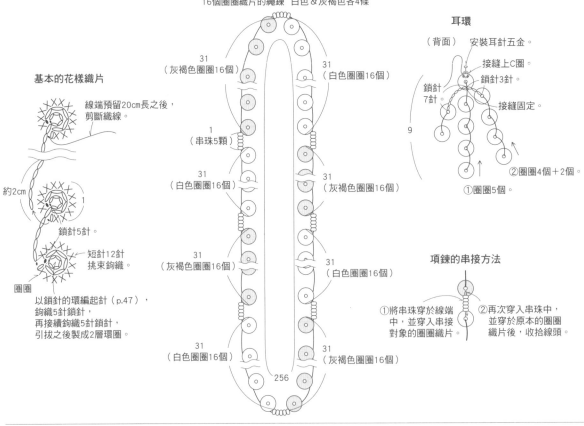

項鍊
16個圈圈織片的繩鍊 白色＆灰褐色各4條

31（灰褐色圈圈16個）　31（白色圈圈16個）

1（串珠5顆）

31（白色圈圈16個）　31（灰褐色圈圈16個）

31（灰褐色圈圈16個）　31（白色圈圈16個）

31（白色圈圈16個）　31（灰褐色圈圈16個）

256

基本的花樣織片

線端預留20cm長之後，剪斷織線。

約2cm

1

鎖針5針。

短針12針挑束鉤織。

圈圈

以鎖針的環編起針（p.47），鉤織5針鎖針，再接續鉤織5針鎖針，引拔之後製成2層環圈。

耳環

（背面）　安裝耳針五金。

接縫上C圈。
鎖針3針。
鎖針7針
接縫固定。
9
②圈圈4個＋2個。
①圈圈5個。

項鍊的串接方法

①將串珠穿於線端中，並穿入串接對象的圈圈織片

②再次穿入串珠中，並穿於原本的圈圈織片後，收拾線頭。

---

p.42「派對包」花樣織片的拼接方法

1 收針處的線端穿於縫針中，並將縫針穿入引拔針的針目內側1條線，拉出縫線。

2 依照相同要領挑針，於每一針拉線收緊接縫。

3 2個織片拼接完成。以相同方式，依號碼順序逐一拼接。

花朵裝飾墊

線材 … Hamanaka APRICO（30g／球）
　　　米白色（1）20g
　　　橘色（2）‧玫瑰粉（4）
　　　紅色（6）‧黃色（16）
　　　薰衣草藍（11）各少量
用具 … 3/0號鉤針
密度 … 花樣織片的尺寸　2.7×2.7㎝
尺寸 … 19×19㎝

photo
p.9

織法 … 取1條織線，依照指定顏色編織。
　　　花樣織片以輪狀起針，依照圖示一邊配色，一邊鉤
　　　織2段。由第2片開始，在最終段一邊以「暫時取下
　　　鉤針再鉤織長長針」的方式拼接相鄰織片，一邊鉤
　　　織49片。

尺寸配置圖
花樣織片的拼接　49片

㊸ C	㊹ D	㊺ E	㊻ F	㊼ G	㊽ H	㊾ A
㊱ H	㊲ A	㊳ B	㊴ C	㊵ D	㊶ E	㊷ F
㉙ E	㉚ F	㉛ G	㉜ H	㉝ A	㉞ B	㉟ C
㉒ B	㉓ C	㉔ D	㉕ E	㉖ F	㉗ G	㉘ H
⑮ G	⑯ H	⑰ A	⑱ B	⑲ C	⑳ D	㉑ E
⑧ D	⑨ E	⑩ F	⑪ G	⑫ H	⑬ A	⑭ B
① A	② B	③ C	④ D	⑤ E	⑥ F	⑦ G

19（7片）

2.7
2.7

19（7片）

※○數字為拼接花樣織片的順序。

花樣織片的配色

	A（6片）	B（6片）	C（6片）	D（6片）	E（7片）	F（6片）	G（6片）	H（6片）
第2段	橘色	米白色	玫瑰粉	米白色	黃色	米白色	紅色	米白色
第1段	米白色	橘色	米白色	玫瑰粉	米白色	薰衣草藍	米白色	紅色

花樣織片的織法＆拼接方法

＝接線處
＝剪線處

45

線材 … Hamanaka Flax Tw（25g／球）
　　　　淺駝色（701）200g
　　　　Hamanaka Dear Linen（25g／球）
　　　　白色（1）45g
用具 … 3/0號鉤針
密度 … 方眼編　7.5組花樣10段＝10cm正方形
尺寸 … 寬32cm　長156cm（包含飾穗）

photo
p.7

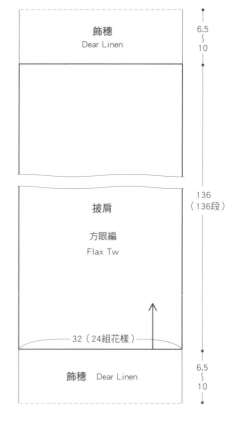

飾穗
Dear Linen

6.5
～
10

披肩
方眼編
Flax Tw

136
（136段）

32（24組花樣）

飾穗　Dear Linen

6.5
～
10

織法 … 取1條織線，依照指定顏色編織。
　　　披肩是鉤1針鎖針起針，依照織圖編織24段。再以此為基底，鉤織136段方眼編。編織飾穗與花樣織片，縫合固定在織圖指定的位置上。

方眼編記號圖

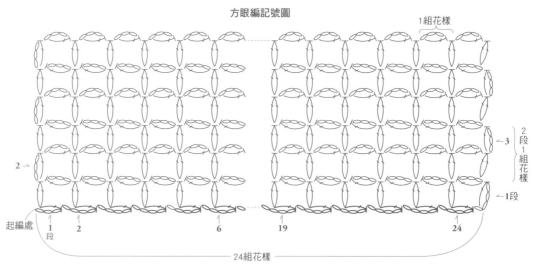

1組花樣

2段
1組花樣

←3
←1段

2→

起編處

1
段

1　2　　　　6　　　19　　　　24

24組花樣

飾穗（●A至D）、花樣織片（○a至c）接縫位置
※另一側亦以相同方式接縫。c是將背面當作正面，接縫上去。

方眼編1格

飾穗
Dear Linen
※線端預留20cm。

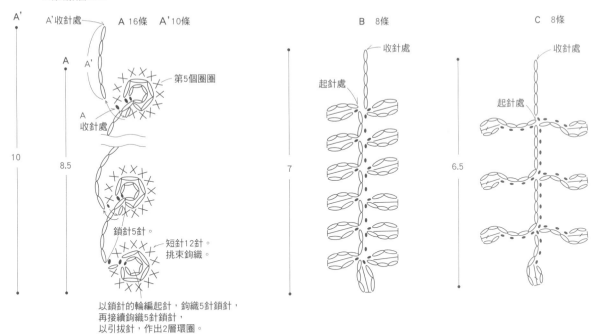

A'收針處　A 16條　A'10條
第5個圈圈
A'
A
A
收針處
鎖針5針。
短針12針。
挑束鉤織。
10
8.5

以鎖針的輪編起針，鉤織5針鎖針，
再接續鉤織5針鎖針，
以引拔針，作出2層環圈。

B　8條
收針處
起針處
7

C　8條
收針處
起針處
6.5

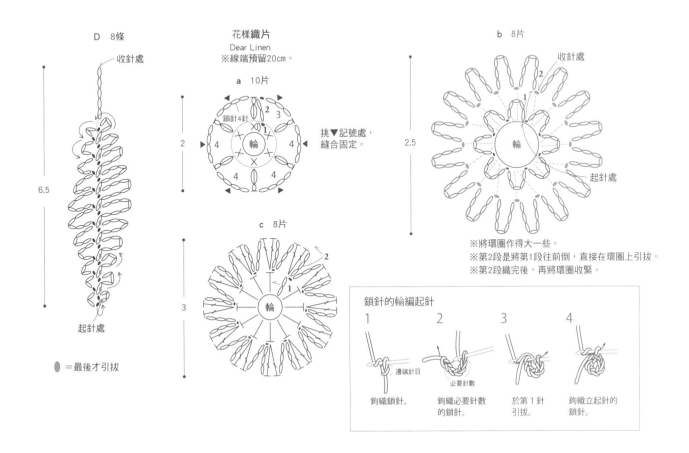

D　8條
收針處
6.5
起針處
●=最後才引拔

花樣織片
Dear Linen
※線端預留20cm。

a　10片
鎖針4針
2　3
X0　1
輪
4　4
4　4
2
挑▼記號處，
縫合固定。

c　8片
2
輪
1
3

b　8片
收針處
2
1
輪
起針處
2.5

※將環圈作得大一些。
※第2段是將第1段往前倒，直接在環圈上引拔。
※第2段織完後，再將環圈收緊。

鎖針的輪編起針
1　鉤織鎖針。
邊端針目
2　鉤織必要針數的鎖針。
必要針數
3　於第1針引拔。
4　鉤織立起針的鎖針。

線材 … Hamanaka Eco Andaria（40g／球）
　　　麥稈色（42）120g
　　　Hamanaka Flax K（25g／球）
　　　白色（11）110g
　　　芥末黃（205）・磚紅色（210）各6g
　　　Hamanaka 亞麻線《LINEN》（25g／球）
　　　水藍色（5）7g 米白色（1）6g
　　　粉紅色（3）・焦茶色（10）各5g
用具 … 5/0號・7/0號鉤針
其他 … 直徑1.5cm磁釦1組
密度 … 短針　16針18.5段＝10cm正方形
尺寸 … 參見織圖

織法 … 袋身是分別取Eco Andaria與Flax K各1條白色織線拉齊後，以7/0號鉤針編織。花樣織片是依指定織線與用色，取1條織線以5/0號鉤針編織。
袋底鉤鎖針起針48針，依織圖一邊加針，一邊鉤織5段。緊接著，無加減針接續鉤織25段側面，摺疊褶襉之後，鉤織第26段。接下來，鉤織1段逆短針。袋蓋鉤9針鎖針起針，依照圖示編織。磁釦墊片則是鉤起針鎖針4針，再以短針編織4段。將袋蓋接縫在側面的後側，磁釦縫合固定於磁釦墊片之後，再以藏針縫縫於指定位置上。花樣織片是依指定織線與用色，編織指定片數，並參考織圖，均衡地接縫上去。

袋蓋　1片

1.5（2段）
1（1段）
4（7段）
逆短針
短針
逆短針
5.5（鎖針起針9針）
11

逆短針
2　←7　←5　←3　←1段　←2　←4　←6　1

磁釦墊片2片　2片
短針

2.5（4段）
4→　←3
2→
←1段
2.5（鎖針起針4針）

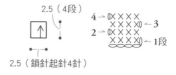

接縫磁釦。 1.5
藏針縫。
袋蓋（背面）
1.5
將褶襉對齊之後，以捲針縫縫合。
接縫花樣織片。

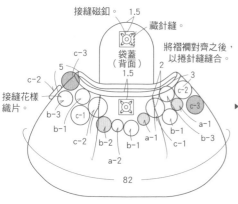

c-3　5　c-2　c-1　b-3　b-1
2　3
c-2
b-2　b-1　a-1　c-2
a-2　b-1　b-3
c-1　a-1　c-3
82
※八是將背面當作正面，接縫上去。

後側
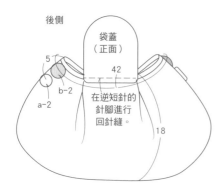

袋蓋（正面）
5
b-2
a-2
42
在逆短針的針腳進行回針縫。
18

花樣織片
※線端預留20cm。

a
鎖針4針　2　3
4　輪　4
4
挑▼記號處，
縫合固定。

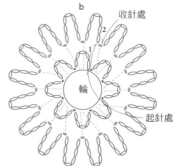

b
收針處
2　1
輪
起針處

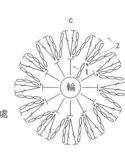

c
2　1
輪

※將環圈作得大一些。
※第2段是將第1段往前倒，直接在環圈上引拔。
※第2段織完後，再將環圈收緊。

花樣織片的配色＆片數

花樣織片	使用織線	第1段	第2段	片數
a-1	Flax K	白色	磚紅色	2
a-2		白色	芥末黃	2
b-1		白色	白色	3
b-2		磚紅色	磚紅色	2
b-3		芥末黃	芥末黃	2
c-1	亞麻線LINEN	米白色	粉紅色	2
c-2		米白色	水藍色	3
c-3		米白色	焦茶色	2

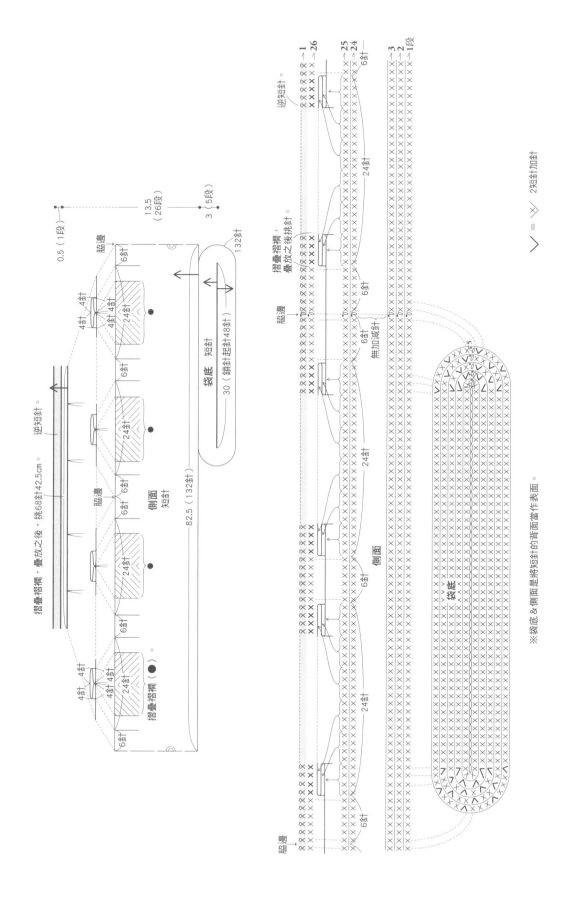

珍珠裝飾戒指 & 墜飾圖案的

photo **p.10**

線材 … 戒指／
　　Hamanaka Flax K（25g／球）
　　　淺灰色（208）5g
　　墜飾／
　　Hamanaka APRICO（30g／球）
　　　薰衣草藍（11）3g

用具 … 戒指／4/0號鉤針
　　墜飾／3/0號鉤針

其他 … 戒指／
　　直徑1cm的珍珠1顆
　　圓片戒托1個　手工藝用白膠
　　墜飾／
　　直徑0.6cm的珍珠5顆
　　直徑1.2cm的C圈1個　皮繩90cm

尺寸 … 參見織圖

織法 … 取1條織線編織。

戒指編織1片，墜飾編織5片花樣織片。以鎖針的輪編起針（p.47）起8針，並以中長針鉤織1段。再接縫上珍珠。

戒指是一邊收緊收針處的線端，一邊黏於圓片戒托。墜飾則是以A至E花樣織片預留的線端編織細繩編，並依照圖示製作完成。最後再接上C圈，穿入皮繩後打結。

花樣織片
戒指1片　墜飾5片

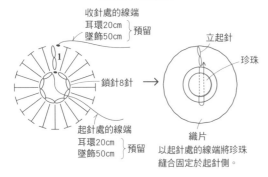

收針處的線端
耳環20cm
墜飾50cm ｝預留

立起針

珍珠

鎖針8針　→

起針處的線端
耳環20cm
墜飾50cm ｝預留

以起針處的線端將珍珠縫合固定於起針側。

戒指的作法

將收針處的線端穿入縫針，挑所有中長針針頭的內側1條線，稍後拉線收緊。中途，在圓片戒托上塗抹白膠，珍珠置於織片中央黏貼於戒托上，再將織片束緊固定。

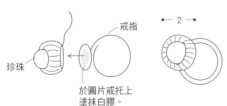

珍珠

戒指

於圓片戒托上塗抹白膠。

─ 2 ─

墜飾的作法

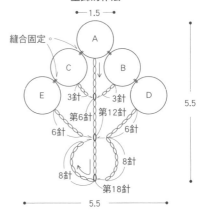

← 1.5 →

縫合固定

A

C　B

E

D

3針　3針

第6針　第12針

6針　6針

8針　8針

第18針

5.5

5.5

①製作5個花樣織片。收針處的線端穿入縫針，挑所有中長針針頭的內側1條線，縮口束緊。
②由織片A開始鉤織26針繩編。
③織片B、C分別鉤織3針繩編，縫於步驟②的第6針上。
④織片D鉤14針繩編，縫於步驟②的第18針上。
⑤織片E鉤6針繩編，並與D的第6針一起縫合固定於A的第12針上。
⑥將步驟②的第26針縫於步驟②的第12針上。
⑦拼縫所有的花樣織片。
⑧在織片A裝上C圈。
⑨組裝皮繩成為項鍊。

繩編

```
1          2          3          4
起針處
收針處
```

1. 在起針處與收針處的中央，製作邊端針目。
2. 將收針處的織線由鉤針的前側往後側掛線。
3. 將起針處的織線掛於鉤針上，引拔掛於鉤針上的2條線。完成1針。
4. 重複步驟2、3，鉤織必要針數。

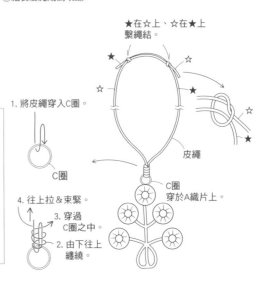

★在☆上、☆在★上繫繩結。

1. 將皮繩穿入C圈。

C圈

4. 往上拉＆束緊。

3. 穿過C圈之中。

2. 由下往上纏繞。

皮繩

C圈穿於A織片上。

50

<table>
<tr><td rowspan="2">
三
色
堇
&
亞
洲
風
編
結
胸
針

photo
p.11
</td></tr>
</table>

線材… 三色菫大（右）／
Hamanaka Flax K（25g／球）
粉紅色（206）5g　白色（11）少量
三色菫小（中央）／
Hamanaka Flax C（25g／球）
紫色（5）3g　白色（1）少量
亞洲風編結（左）／
Hamanaka Flax K（25g／球）
白色（11）・芥末黃（205）各5g
用具… 三色菫大／4/0號、5/0號鉤針
三色菫小／3/0號鉤針
亞洲風編結／4/0號鉤針

其他… 三色菫大・小／
5號繡線　黃色
別針1個
亞洲風編結／別針1個
密度… 三色菫大・亞洲風編結／長針　1段1.2cm
三色菫小／長針　1段0.8cm
尺寸… 參見織圖
織法… 取1條織線，依照指定顏色編織。
三色菫是將織片A、B、C各編織1片，依照圖示疊
放在一起後，進行刺繡。亞洲風編結則是依照指
定顏色編織4片織片A，在中心挑針束緊固定，將4
片依照圖示組合。最後再於背面接縫別針。

三色菫胸針大・小

①織片A、B、C，依照指定顏色與鉤針各編織1片。
②織片A與B疊放，挑針束緊織片。

花樣織片A・B　各1片
※A線端預留15cm。

大 A　4/0號鉤針　白色　　小 A　3/0號鉤針　白色
B　5/0號鉤針　粉紅色　　B　3/0號鉤針　紫色
收針處
鎖針10針
輪

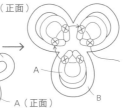

B（正面）

將織片A疊放在B的背面，
讓B的花瓣孔洞正面露出
A的花瓣。

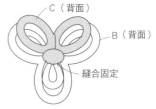

A
A（正面）
B

將線端穿於縫針中，
挑縫織片A的⊗處
針頭，束緊固定。

③於背面疊放上織片C。

C（背面）
B（背面）
縫合固定

④取2股繡線於中心處進行刺繡，將別針縫合固定於背面。

（正面）
雛菊繡
直針繡

（背面）
小 大
4.5 6.5
別針

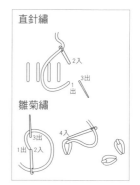

直針繡
2入
1出　3出
雛菊繡
3出　4入
1出　2入

花樣織片C　1片

大 5/0號鉤針　小 3/0號鉤針
粉紅色　　　　紫色

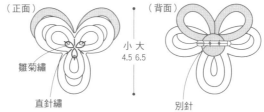

收針處
輪
1　2　3

亞洲風編結胸針

①以4/0號鉤針編織花樣織片A。
芥末黃
白色 }各2片

②束緊織片。

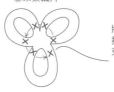

將線端穿入縫針中，
挑縫織片A的 X 處針頭，
束緊固定。

③組合織片。

1. 芥末黃
2. 白色
4. 白色
3. 芥末黃

將2從背面
插入1裡。

依照相同方式
將3插入2，
將4插入3裡。

最後將1的★2片
由4的背面拉出至正面。

④在背面接縫別針。

（背面）

別針

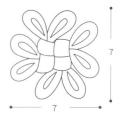

7
7

線材 … Hamanaka Flax K（25g／球）
　　　芥末黃（205）290g
　　　白色（11）145g
用具 … 5/0號鉤針
密度 … 花樣織片的尺寸　A 直徑9㎝
　　　　　　　　　　　　B 直徑3㎝
尺寸 … 寬93㎝　長69㎝

織法 … 取1條織線，依照指定顏色編織。
　　　織片A以輪狀起針，依織圖編織7片。從第8片開
　　　始，在最終段拼接相鄰織片；鉤針暫時取下後，
　　　從先前織好的織片穿過，再穿回原本針目鉤織鎖
　　　針拼接，共接合82片。織片B以輪狀起針，在最
　　　終段一邊鉤織一邊以引拔針拼接織片A。

花樣織片A　82片
第1段 … 白色
第2至7段 … 芥末黃

花樣織片B
79片
白色

鎖針9針

在不需拼接處
編織鎖針。

※第2段的2針鎖針是將第1段的9針鎖針往外側倒，
　於內側鉤織。
第3段的3針鎖針則是內側倒，於外側編織。

= 3中長針的變形玉針

= 白色
── = 芥末黃

= 接線處
= 剪線處

尺寸配置圖
花樣織片的拼接

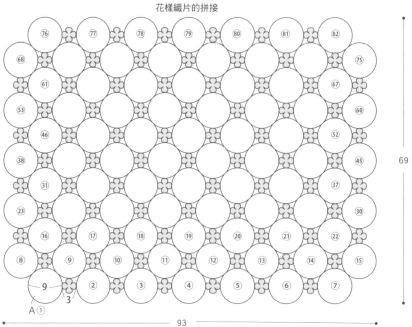

※○數字為拼接圖案織片的順序。

花樣織片的拼接方法

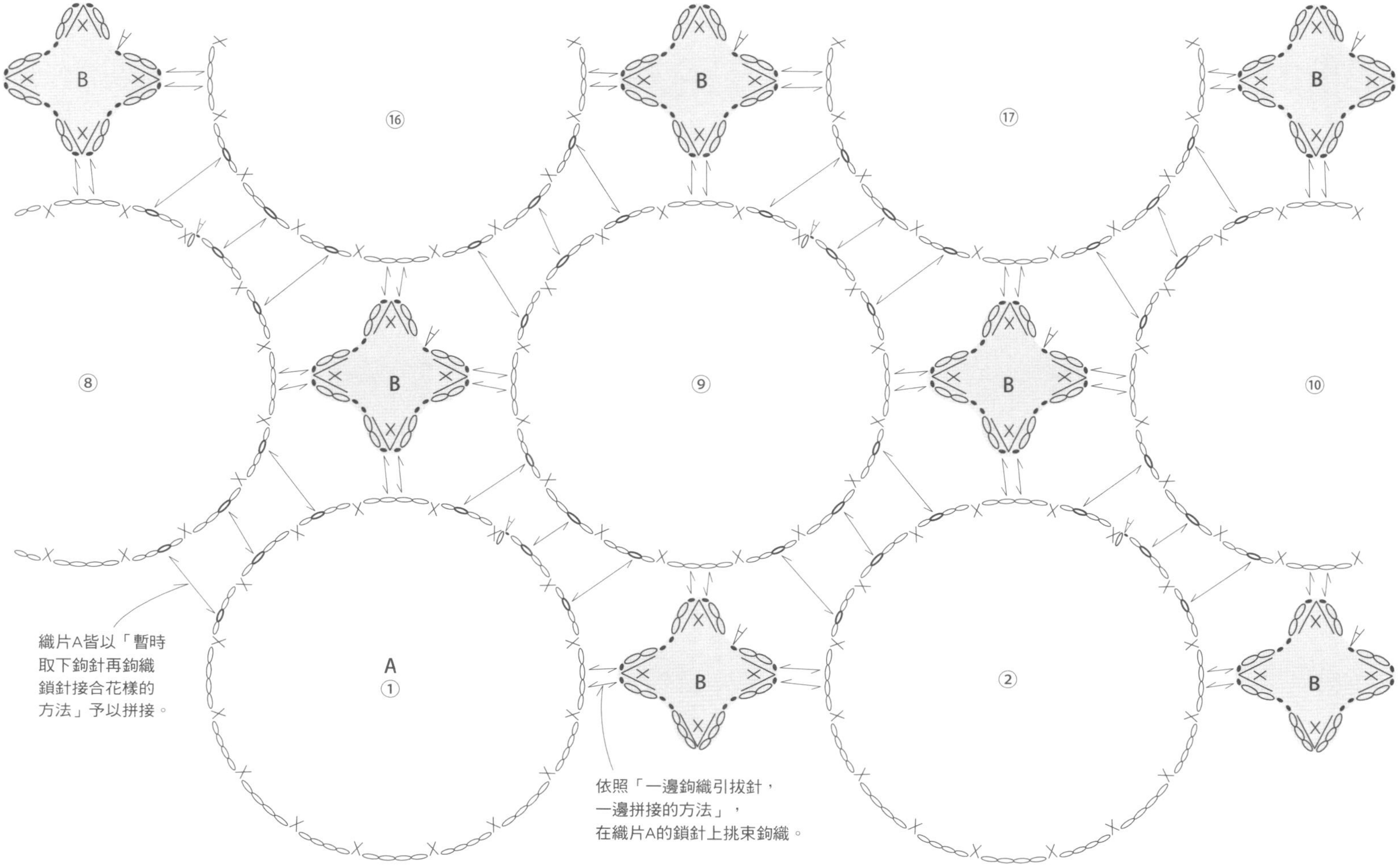

⑩

⑰

②

⑨

⑯

A ①

⑧

依照「一邊鉤織引拔針，一邊拼接的方法」，在織片A的鎖針上挑束鉤織。

織片A皆以「暫時取下鉤針再鉤織鎖針接合花樣的方法」予以拼接。

53

大花三角披肩

photo p.14

線材 … Hamanaka Flax K（25g／球）
　　　 淺灰色（208）200g
　　　 白色（11）50g
用具 … 5/0號鉤針
密度 … 花樣織片的尺寸　大 8.5×9.5cm
尺寸 … 寬134.5cm　長49.5cm

織法 … 取1條織線，依照指定顏色編織。
大織片以輪狀起針，依織圖編織43片。小織片同樣為輪狀起針，再鉤織短針，織片a編織14片，剪線後收針藏線。b、c、d則是依照圖示，由第1列開始，一邊橫向併接，一邊鉤織至第8列為止。

花樣織片 大
淺灰色 43片

以引拔針
併接

於鎖針的
第1針引拔

9.5

8.5

花樣織片 小

b
白色 35片

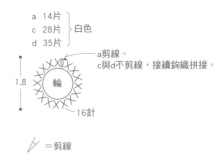

不剪線，
接續鉤織拼接。

2

18針

a 14片
c 28片 }白色
d 35片

a剪線。
c與d不剪線，接續鉤織拼接。

1.8

16針

✂ =剪線

尺寸配置圖

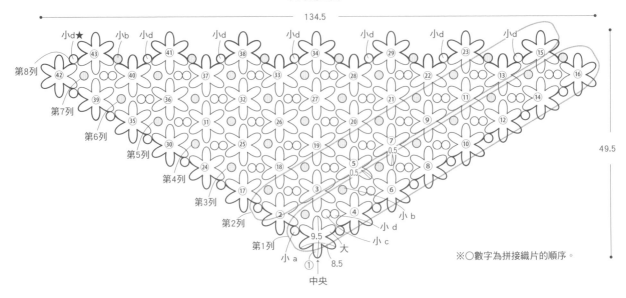

134.5

49.5

小d★　小b　小d　　小d　　小d　　　小d　　　小d　　小d

第8列
第7列
第6列
第5列
第4列
第3列
第2列
第1列

9.5

8.5

中央

小 a

小 b
小 d
小 c

大

0.5

0.5

※○數字為拼接織片的順序。

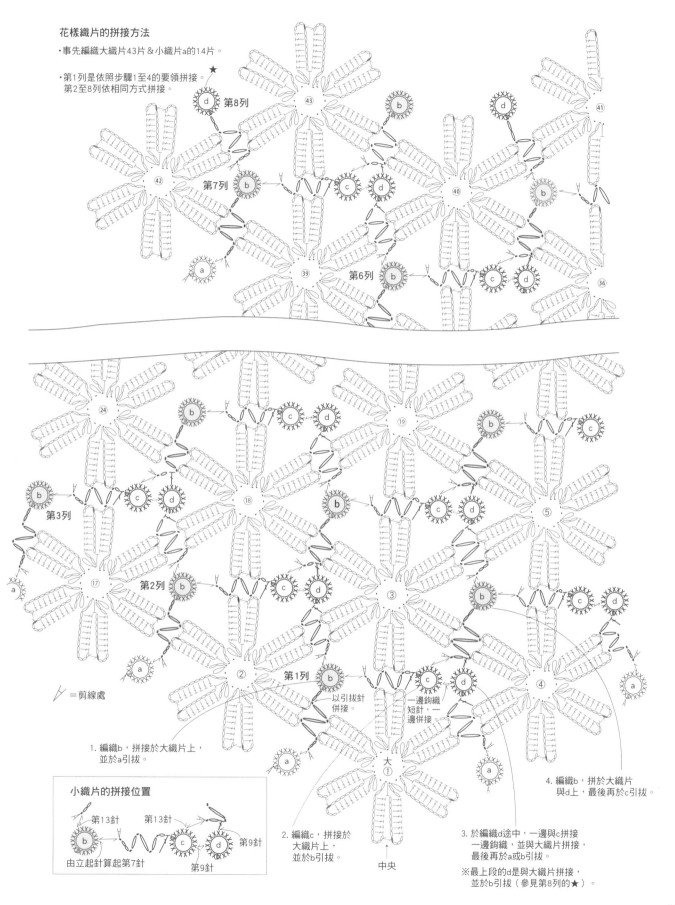

花樣織片的拼接方法

· 事先編織大織片43片＆小織片a的14片。

· 第1列是依照步驟1至4的要領拼接。
  第2至8列依相同方式拼接。

第8列

第7列

第6列

第3列

第2列

第1列

以引拔針併接。

一邊鉤織短針，一邊併接

✂ = 剪線處

1. 編織b，拼接於大織片上，並於a引拔。

小織片的拼接位置

第13針　　第13針

由立起針算起第7針　　　第9針　　　第9針

大① 中央

2. 編織c，拼接於大織片上，並於b引拔。

3. 於編織d途中，一邊與c拼接一邊鉤織，並與大織片拼接，最後再於a或b引拔。

※最上段的d是與大織片拼接，並於b引拔（參見第8列的★）。

4. 編織b，拼接於大織片與d上，最後再於c引拔。

大花鐘形帽

photo p.15

線材 … Hamanaka 紙藤編 Eco Andaria（40g／球）
　　　麥稈色（42）110g
用具 … 5/0號鉤針
密度 … 短針、短針的筋編
　　　20.5針19段＝10cm正方形
尺寸 … 頭圍58cm　帽深17.5cm

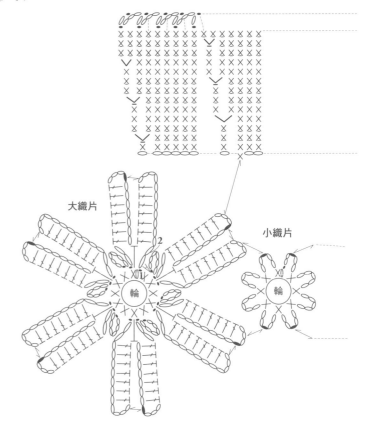

織法 … 取1條織線編織。
首先編織帽側的花樣織片。大織片以輪狀起針，編織6片。小織片同樣為輪狀起針，一邊鉤織，一邊與大織片接合成環狀。輪狀起針編織帽頂，一邊鉤織一邊以短針、短針的筋編進行加針；鉤織最終段時，在帽側的大織片上鉤織短針接合。帽沿則是一邊以鎖針起針，一邊在帽側的大織片上挑針，鉤織短針拼接。第2段開始，以短針、短針的筋編進行加針，並接續鉤織緣編即完成。

大織片　小織片

帽頂的針數＆加針方法、織法

段	針數	加針方法	織法
22	120針	無加減針	短針的筋編
21	120針		
20	120針	每段增加6針	短針
19	114針		
18	108針		
17	102針		
16	96針		
15	90針		
14	84針		
13	78針		
12	72針		
11	66針		
10	60針		
9	54針		
8	48針		
7	42針		
6	36針		
5	30針		
4	24針		
3	18針		
2	12針		
1	織入6針		

帽沿的針數＆加針方法·織法

段	針數	加針方法	織法
14	192針	每段增加6針	短針的筋編
13	186針		
12	180針		
11	174針		短針
10	168針		
9	162針		短針的筋編
8	156針		
7	150針		
6	144針		短針
5	138針		
4	132針		短針的筋編
3	126針		
2	120針	無加減針	短針
1	120針		短針的筋編

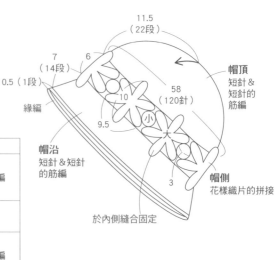

11.5（22段）
7（14段）　6
0.5（1段）
緣編
帽頂　短針＆短針的筋編
58（120針）
10
9.5
小　大
帽沿　短針＆短針的筋編
於內側縫合固定
帽側　花樣織片的拼接
3

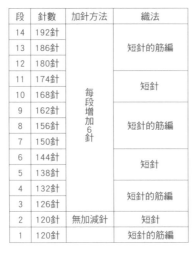

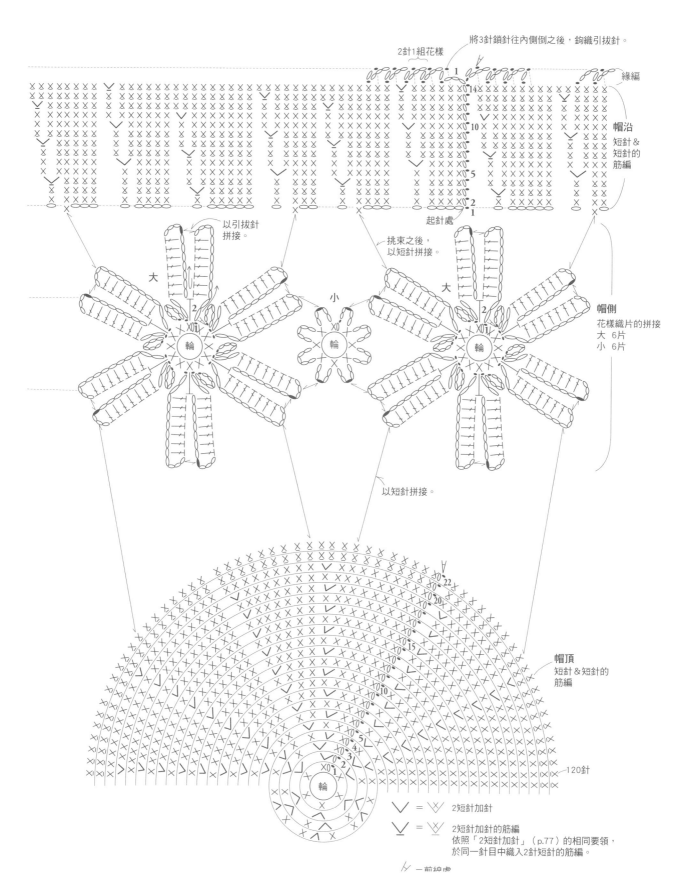

將3針鎖針往內側倒之後，鉤織引拔針。

2針1組花樣

緣編

帽沿
短針＆
短針的
筋編

起針處

以引拔針
拼接。

挑束之後，
以短針拼接。

大

小

大

帽側
花樣織片的拼接
大　6片
小　6片

以短針拼接。

帽頂
短針＆短針的
筋編

120針

∨ = 2短針加針

∨ = 2短針加針的筋編
依照「2短針加針」（p.77）的相同要領，
於同一針目中織入2針短針的筋編。

前線處

鉤
針
收
納
袋

photo
p.16

線材 … Hamanaka APRICO（30g／球）
　　　　淺駝色（25）40g
　　　　橄欖綠（27）15g
用具 … 4/0號鉤針
其他 … 麻布（裡布）45×28cm
密度 … 花樣編 34針10cm・15段8.5cm
尺寸 … 寬27cm　高18cm

織法 … 除了綁繩之外，其餘皆取1條織線，依照指定顏色編織。
主體從中央的葉片飾帶開始，依織圖一邊以鎖針起針一邊鉤織下側的葉子，接著鉤織上側的第1段與葉子。第2段開始以無加減針的花樣編鉤織。在起針的另一側接線，同樣鉤織無加減針的花樣編。在葉子背面進行回針縫固定。再沿主體周圍鉤織一圈短針。在綁繩的指定位置上接線，線繩部分取2條線，繩端葉飾則取1條線編織。方鈕的內側織片是以輪狀起針進行編織，外側織片同樣以輪狀起針，鉤織至最終段時，與內側織片背相對疊合，一併鉤織接合。縫製收納內袋，編織裝飾片，以同色線縫合固定之後，進行刺繡。內袋朝上與主體背面相對疊放，以藏針縫縫合四周。將織片方鈕縫於主體上固定即完成。

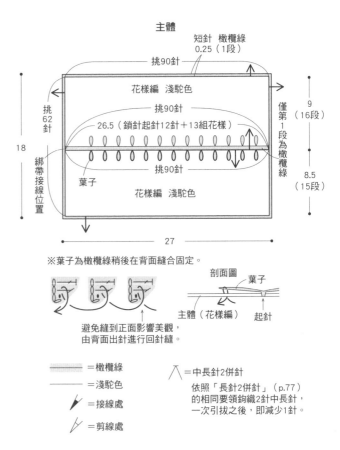

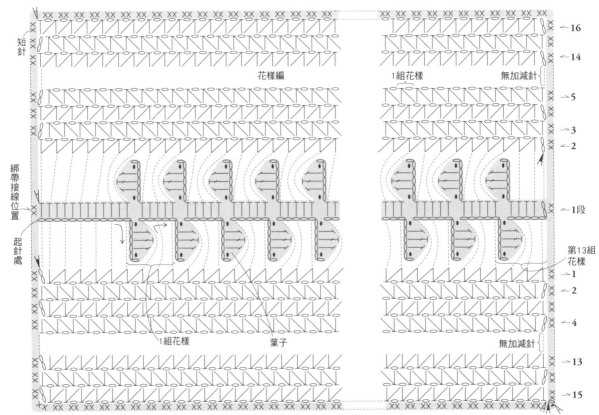

58

方鈕的內側織片

方鈕的外側織片

在第7段將內側的鈕釦圖案織片正面朝外疊放，
一起挑織2片，鉤織引拔針。

綁繩
橄欖綠

60（鎖針155針）
取2條線

繩端葉飾取1條線

裝飾片 5個
橄欖綠

線端預留20cm

線端預留50cm

※第4段是將第3段往內側倒之後編織。
　短針則是將第3段的鎖針包編，在第2段挑針鉤織。
※在編織第7段之前，將起針處的線端於背面穿入第1段
　的針頭處，拉緊線端使針目呈現鼓起狀。

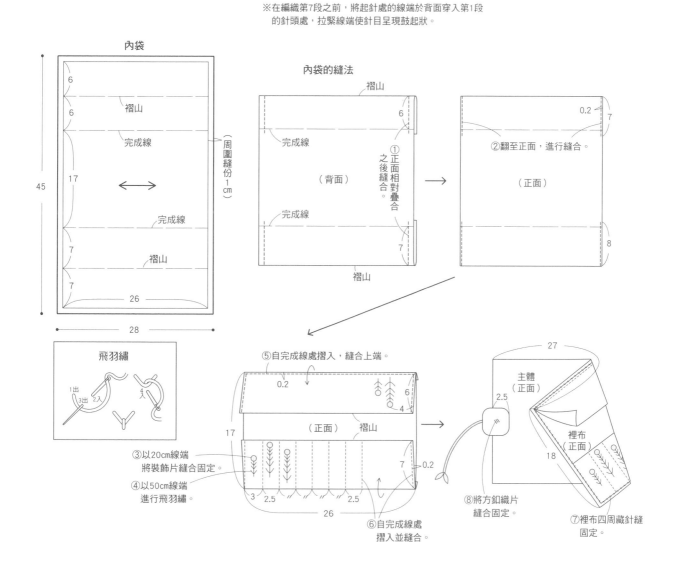

內袋

飛羽繡

1出
3出
2入

內袋的縫法

褶山

①正面相對疊合之後縫合。

②翻至正面，進行縫合。

⑤自完成線處摺入，縫合上端。

③以20cm線端
　將裝飾片縫合固定。

④以50cm線端
　進行飛羽繡。

⑥自完成線處
　摺入並縫合。

⑦裡布四周藏針縫
　固定。

⑧將方鈕織片
　縫合固定。

主體
（正面）

裡布
（正面）

捲尺套

線材 ··· Hamanaka APRICO（30g／球）
　　　　淺駝色（25）10g
　　　　橄欖綠（27）5g
用具 ··· 4/0號鉤針
其他 ··· 直徑6cm的圓形捲尺
密度 ··· 長針　1段1cm
尺寸 ··· 直徑6.5cm（裝入捲尺的狀態）

織法 ··· 取1條織線，依照指定顏色編織。
輪狀起針，第1至8段進行輪狀編織；第9、10段一邊保留開口，一邊進行往復編。將起針處的線端於背面穿入第1段的針頭處，拉緊線端使針目呈現鼓起狀。在第13段裝入捲尺，繼續鉤織；收針時，於最終段的針目間隔1針穿線2圈之後，拉緊織線。開口處編織緣編。裝飾片亦以輪狀起針，鉤織2片，再縫合固定於捲尺的前端。

photo
p.16

開口的緣編
淺駝色

裝飾片　2片
橄欖綠

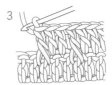

裝飾片

縫合固定。

※第4段是將第3段往內側倒之後編織。
　短針則是將第3段的鎖針包編，
　在第2段挑針鉤織。

▓▓▓ ＝橄欖綠

───── ＝淺駝色

＝表引長針

＝裡引長針

＝接線處

＝剪線處

表引長針

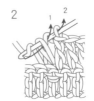

1　　　　　　2　　　　　　3

由正面挑前段的針柱，並將織線拉得稍微長一點之後，依照長針的相同要領編織。

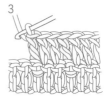

裡引長針

1　　　　　　2　　　　　　3

由背面挑前段的針柱，並將織線拉得稍微長一點之後，依照長針的相同要領編織。

針插×2

photo
p.17

＊四方形為a，圓形為b。
線材 … Hamanaka Flax C（25g／球）
　　　　　a 粉紅色（106）6g　b 紫色（5）3g
　　　 Hamanaka LITHOS（25g／球）
　　　　　白色（1）a　10g　b 5g
用具 … 6/0號鉤針
其他 … 手工藝用填充棉花
　　　 5號繡線　橘色（a）
密度 … 短針 7段為3cm
尺寸 … a 7×7cm　b 直徑4.5cm

織法 … 取2條織線，依照指定顏色編織。
　　　 花樣織片是輪狀起針，以短針鉤織7段，並將織片
　　　 背面當作表面使用。
　　　 針插a編織4片織片。將4片對摺，一邊填入棉花，
　　　 一邊以捲針縫縫合。縫合固定中心，再進行刺繡。
　　　 針插b編織2片織片。將2片相對疊合，一邊填入棉
　　　 花，一邊以捲針縫縫合。a、b皆以捲針縫拉線的鬆
　　　 緊程度來塑造形狀。

花樣織片
短針
a　4片　b　2片
※此織片是將背面當作表面使用。

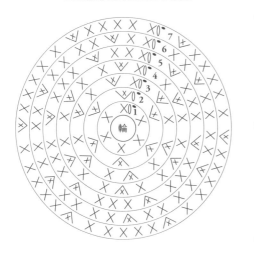

針數＆加針方法・配色

段	針數	加針方法	配色
7	42針	每段增加6針	LITHOS取2條線
6	36針		取Flax C（a 粉紅色 b 紫色）與LITHOS各1條的2條線
5	30針		
4	24針		
3	18針		
2	12針		
1	織入6針		

a
將4片花樣織片對摺，
以捲針縫（LITHOS）拼縫＆填入棉花。

背面

以粉紅色將中心縫合固定。

織片背面

正面
以繡線進行捲線繡。

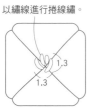

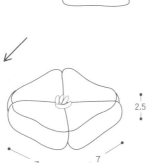

b
將2片花樣織片相對疊合，以捲針縫縫合。

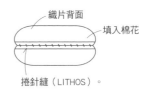

織片背面
填入棉花
捲針縫（LITHOS）。

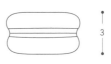

捲線繡

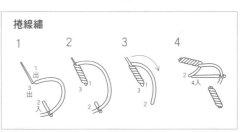

向陽的
葉子裝飾墊

photo
p.12

線材 … Hamanaka Flax Tw（25g／球）
　　　　綠色（704）15g
用具 … 4/0號鉤針
密度 … 長針　1段約1㎝
尺寸 … 直徑21.5㎝

織法 … 取1條織線編織。
　　　　輪狀起針，依織圖編織11段。

21.5

輪

18針

線材 … Hamanaka Dear Linen（25g／球）
　　　灰褐色（2）30g
用具 … 4/0號鉤針
密度 … 長針　1段1.1cm
尺寸 … 23.5cm

photo
p.28

織法 … 取1條織線編織。

從襪底中央開始，鎖針起針1針，依織圖編織20段。沿起針鉤織48組花樣，輪編鉤織3段花樣編。接著鉤織側面，一邊注意挑針位置，一邊鉤織28組花樣，第2、4、6段為更換編織方向的往復編。第7段以後，改變後腳跟側與腳尖側的編織高度，完成後剪線。在腳尖側的指定位置接線，鉤織1段緣編。共編織2片相同的織片。

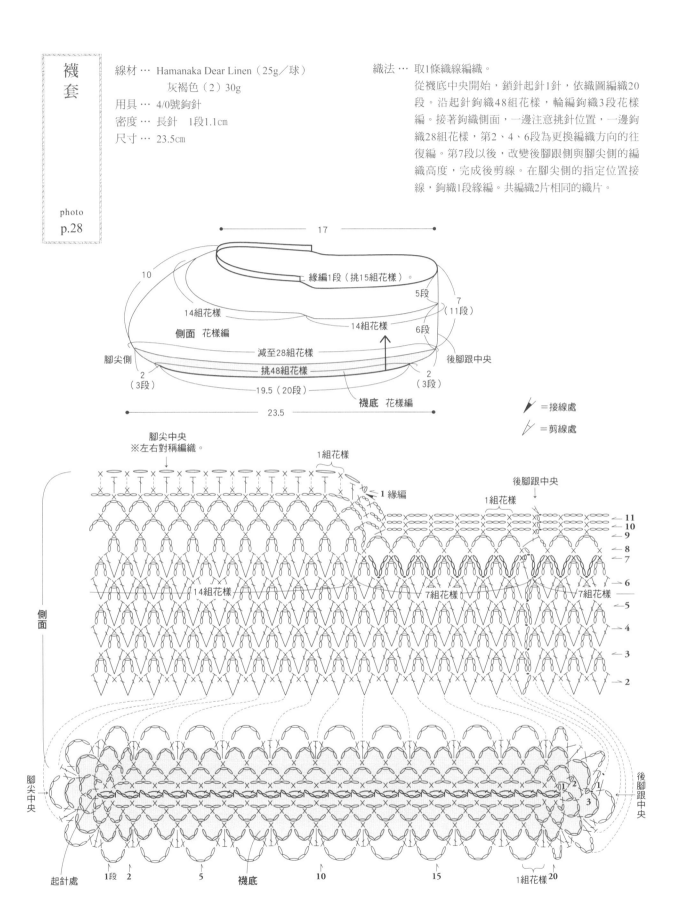

17

10

緣編1段（挑15組花樣）。

5段

7
（11段）

14組花樣

14組花樣

6段

側面　花樣編

減至28組花樣

挑48組花樣

腳尖側

2
（3段）

19.5（20段）

2
（3段）

後腳跟中央

襪底　花樣編

23.5

✎ ＝接線處

✎ ＝剪線處

腳尖中央
※左右對稱編織。

1組花樣

後腳跟中央

1緣編

1組花樣

11
10
9
8
7

14組花樣

7組花樣

7組花樣

6

5

4

3

2

側面

腳尖中央

後腳跟中央

1 2
1
3

起針處

1段　2

5

襪底

10

15

1組花樣 20

馬歇爾包

photo
p.19

線材 … Hamanaka Comacoma（40g／球）
　　　　灰色（13）150g
　　　　米白色（1）80g
用具 … 9/0號鉤針
密度 … 杉綾織 12.5針11.5段＝10cm正方形
尺寸 … 參見織圖

織法 … 取1條織線，依照指定顏色編織。
　　　　從袋底開始，輪狀起針，鉤1針鎖針作為立起針，再織入8針短針。自第2段開始鉤織杉綾織表，並且一邊在指定的位置加針，一邊進行8段的輪編。繼續以杉綾織的條紋花樣鉤織側面，改以每段更換編織方向的往復編，依織圖加針鉤織22段，再鉤織1段緣編。提把是鎖針起針30針，以杉綾織鉤織3段後，將起針針目與第3段背面相對疊合，進行引拔針併縫。再以相同方式製作另一側提把，並於指定位置藏針縫。

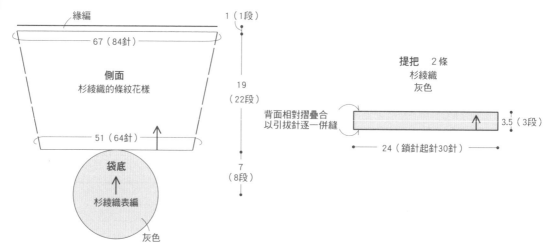

緣編
1（1段）
67（84針）
側面
杉綾織的條紋花樣
19（22段）
51（64針）
7（8段）
袋底
杉綾織表編
灰色

提把　2條
杉綾織
灰色
背面相對摺疊合
以引拔針逐一併縫
3.5（3段）
24（鎖針起針30針）

第2段以後的加針方法

1　第2段。鉤織立起針的1針鎖針與短針。接下來，參見p.34的「杉綾織表編」，將鉤針穿入短針的左側針腳。

2　接著將鉤針穿入第1針短針的同一針目中，鉤出織線，鉤針掛線後，一次引拔。╲Ｘ＝Ｘｘ

3　將鉤針穿入步驟2中鉤織針目的左側針腳。

4　鉤針穿入第1段的第2針後，鉤織杉綾織表編。

5　將鉤針穿入步驟4的同一針目中，鉤織杉綾織表編。形成了於同一針目中，織入2針杉綾織表編的加針狀態。╲／＝ﾘﾘ

6　第2段以後，在織圖的指定位置上，織入2針杉綾織表編，以增加針數。

提把

剪線處
接線處

X X X X X X X X X X   X X X X X X X X X ←3
2→ ⊠ X X X X X X X X X X   X X X X X X X X X ←2
X X X X X X X X X X X   X X X X X X X X X ←1段

將起針側置於內側之後，背面相對疊合，
挑第3段外側的1條線，以引拔針併縫。

▬▬▬ =灰色　　　　　✎ =接線處
──── =米白色　　　　✎ =剪線處

※各段的編織起點不進行杉綾織，是鉤織短針。

X =杉綾織表編（p.34）

⊠ =短針的裡編（p.35）

X =杉綾織裡編（p.36）

╲╱=╲Ⅴ╱ 杉綾織表編的2加針

╲╲X=╲XX╱ 於前段的1針中織入短針＆杉綾織表編

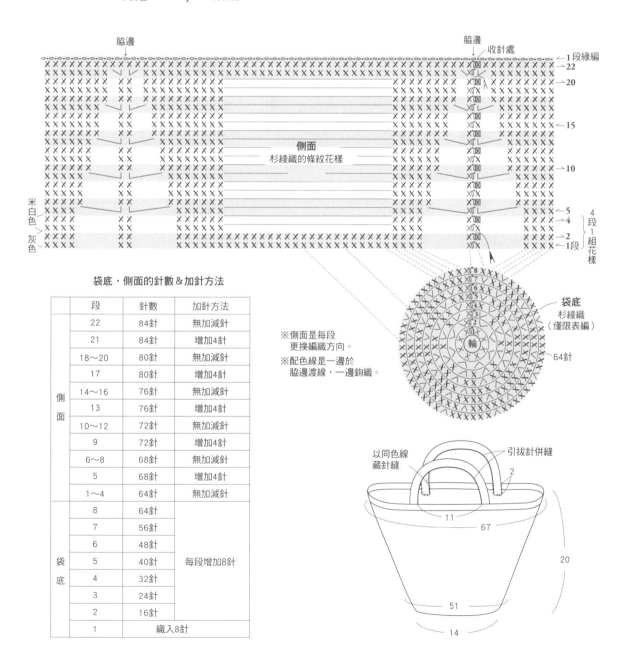

袋底・側面的針數＆加針方法

	段	針數	加針方法
側面	22	84針	無加減針
	21	84針	增加4針
	18～20	80針	無加減針
	17	80針	增加4針
	14～16	76針	無加減針
	13	76針	增加4針
	10～12	72針	無加減針
	9	72針	增加4針
	6～8	68針	無加減針
	5	68針	增加4針
	1～4	64針	無加減針
袋底	8	64針	每段增加8針
	7	56針	
	6	48針	
	5	40針	
	4	32針	
	3	24針	
	2	16針	
	1	織入8針	

側面
杉綾織的條紋花樣

米白色 > 灰色

4段1組花樣

袋底
杉綾織
（僅限表編）
64針

※側面是每段
更換編織方向。
※配色線是一邊於
脇邊渡線，一邊鉤織。

以同色線藏針縫
引拔針併縫
2
11
67
51
14
20

愛心書套

線材 ⋯ Hamanaka Wash Cotton《Crochet》（25g／球）
　　　　米白色（102）40g
　　　　粉紅色（133）20g
用具 ⋯ 3/0號鉤針
密度 ⋯ 花樣編　35.5針20.5段＝10cm正方形
尺寸 ⋯ 寬24cm　高17.5cm

織法 ⋯ 取1條織線，依照指定顏色編織。
　　　　主體鉤121針鎖針起針，編織34段花樣
　　　　編。於兩端鉤織緣編A後，將兩端往背面
　　　　反摺，並於上下兩側鉤織緣編B。編織愛
　　　　心織片，並由指定位置開始編織書籤繩，
　　　　再將織片拼接在線繩前端。

0.5（2段）　　　　　　　　　　　0.5（2段）

緣編A
粉紅色

挑52針

主體
花樣編

緣編A
粉紅色

挑52針

16.5
（34段）

34（鎖針起針121針）

緣編B（參見織圖）米白色
挑141針

0.5（1段）

17.5

（正面）　　（背面）　　（正面）

0.5（1段）
緣編B（參見織圖）米白色
挑141針

※◎＝5cm（18針）往背面反摺，
　兩端反摺的部分為2片一併挑針。
24

內側

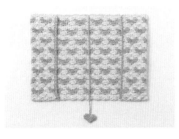

愛心織片

a・b　各1片　粉紅色

跳針
a 為剪斷織線
b 為織線休織

輪

跳針

將織線穿入第3段的
針頭之後束緊。

挑8針

併縫

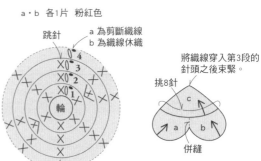

c　粉紅色

跳針。

b'　　a　　b

挑8針

第1段的挑針方法

由後方併縫

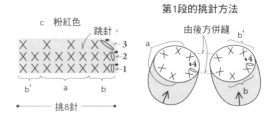

由線繩接編位置
開始編織。

20.5
（鎖針70針）粉紅色

2

2.5

於愛心圖案上
以引拔針接續編織。

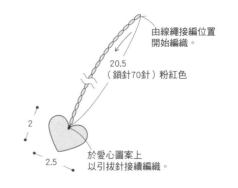

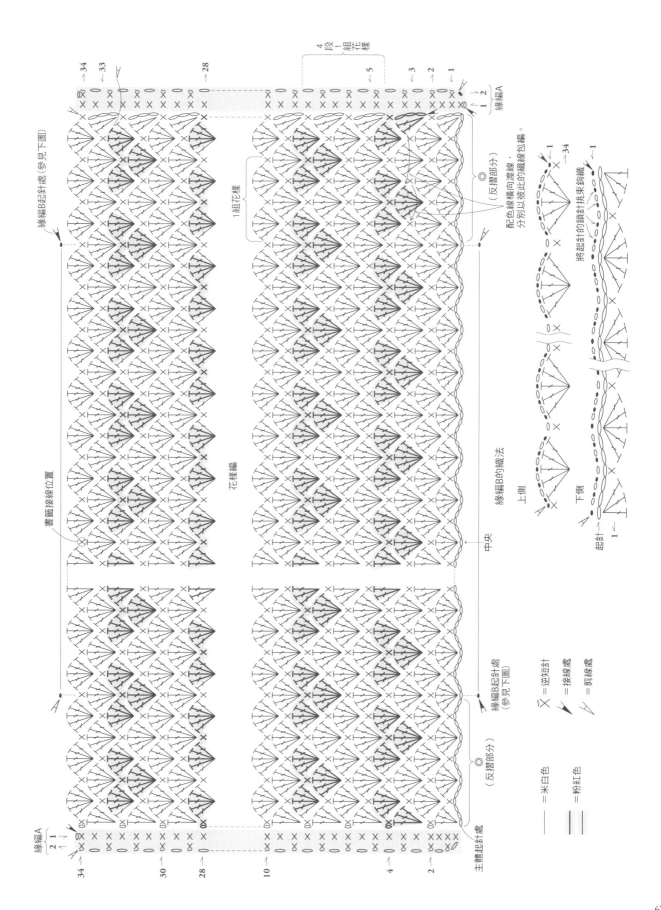

緣編A
4段1組花樣

→34
→33

→28

→5
→3
→2
→1

緣編A 1 2

緣編B起針處（參見下圖）

1組花樣

（反摺部分）

書籤接線位置

配色線橫向渡線，
分別以彼此的織線包編。

花樣編

緣編B的織法

上側

下側

起針

將起針的鎖針挑針束鉤織

→-1
→34

→-1

中央

緣編B起針處
（參見下圖）

（反摺部分）

X = 逆短針
= 接線處
= 剪線處

緣編A
2 1

= 米白色
= 粉紅色

主體起針處

34
30
28
10
4
2

67

褶襉針織裙

photo
p.22

線材 ⋯ Hamanaka Dear Linen（25g／球）
　　　　白色（1）155g
　　　　灰褐色（2）140g
　　　　芥末黃（4）135g
用具 ⋯ 5/0號鉤針
其他 ⋯ 寬0.6cm的緞帶150cm
　　　　寬0.6cm的鬆緊帶60cm
　　　　（對照腰圍尺寸）
密度 ⋯ 花樣編　1組花樣（10針）3.5cm
　　　　　　　　1組花樣（12針）9.5cm
尺寸 ⋯ 裙長55cm

織法 ⋯ 取1條織線，依照指定顏色編織。
前後裙片鉤151針鎖針起針，以花樣編無加減針鉤織192段。依織圖將起針側與收針側併縫接合成環狀。腰際是一邊於前側抓褶襉，一邊挑324針；整體進行減針，鉤織6段輪編。最後再依照圖示，進行腰圍的收邊處理，並在裙襬處鉤織緣編。

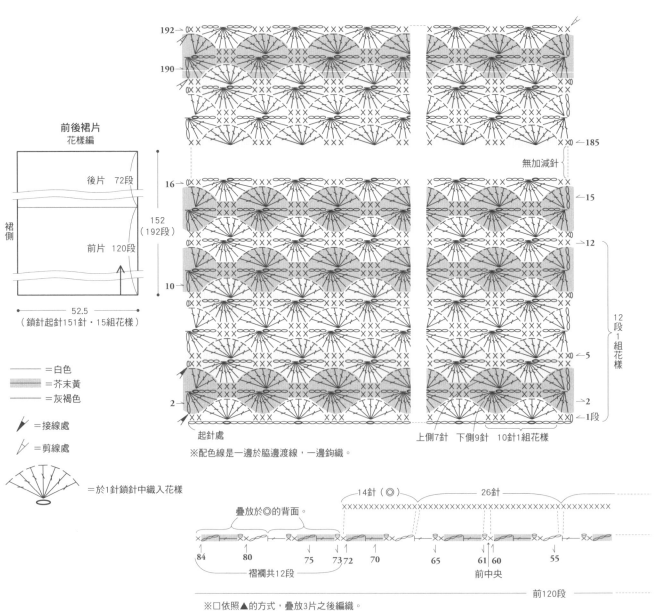

前後裙片
花樣編

後片　72段

裙側

前片　120段

152
（192段）

52.5
（鎖針起針151針・15組花樣）

────＝白色
▨▨▨＝芥末黃
────＝灰褐色

↗＝接線處

↗＝剪線處

＝於1針鎖針中織入花樣

192→
190→
185
無加減針
16→
15
12
10
12段1組花樣
5
2→
1段
起針處
2
上側7針　下側9針　10針1組花樣

※配色線是一邊於脇邊渡線，一邊鉤織。

※□依照▲的方式，疊放3片之後編織。

疊放於◎的背面。
14針（◎）
26針

84　　80　　　75　73 72　70　　65　　61 60　　　55
褶襉共12段　　　　　　　　　前中央

前120段

68

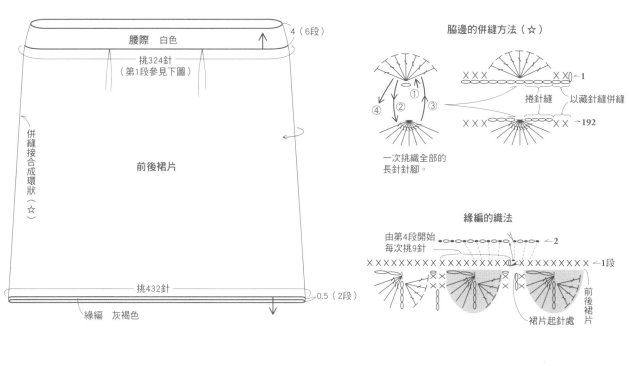

脇邊的併縫方法（☆）

一次挑織全部的
長針針腳。

捲針縫　以藏針縫併縫

緣編的織法

由第4段開始
每次挑9針

前後裙片

裙片起針處

腰際　白色
4（6段）

挑324針
（第1段參見下圖）

併縫接合成環狀（☆）

前後裙片

挑432針

緣編　灰褐色
0.5（2段）

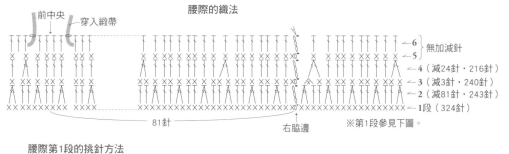

腰際的織法

前中央　穿入緞帶

6
5　無加減針
4（減24針・216針）
3（減3針・240針）
2（減81針・243針）
1段（324針）

81針

右脇邊

※第1段參見下圖。

腰際的收邊處理

往裡側摺入。　前中央

將鬆緊帶的邊端
疊放2cm後，縫合。

2

包夾鬆緊帶＆緞帶
後，進行藏針縫。

邊端打單結。

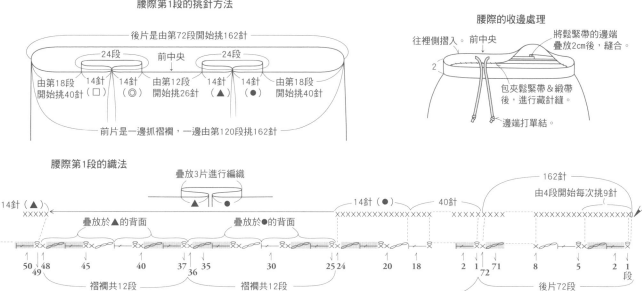

腰際第1段的挑針方法

後片是由第72段開始挑162針

24段　　前中央　　24段

由第18段
開始挑40針（□）　14針　14針　　由第12段
開始挑26針　14針　14針　　由第18段
開始挑40針
（◎）　　（▲）　（●）

前片是一邊抓褶襉，一邊由第120段挑162針

腰際第1段的織法

疊放3片進行編織

14針（▲）

疊放於▲的背面

疊放於●的背面

14針（●）　40針

162針
由4段開始每次挑9針

50　48　45　40　37　35　30　25　24　20　18　2　1　71　8　5　2　1
49　　　　　　　36　　　　　　　　　　　　　72　　　　　　　段

褶襉共12段　　褶襉共12段　　後片72段

69

線材 … Hamanaka Flax K（25g／球）
　　　　開襟衫（p.24）／白色（11）310g
　　　　披肩（p.26）／粉紅色（206）120g
用具 … 5/0號鉤針
密度 … 花樣編A 25針10cm、5段5.5cm
　　　　花樣編B 1組花樣2cm、11段11.5cm
尺寸 … 開襟衫／後身片長 約53cm
　　　　　　　袖長 約53cm
　　　　披肩／寬25.5cm 長140cm

織法 … 取1條織線編織。
　　　　鎖針起針，依織圖一邊進行兩側加減針但針數
　　　不變的斜向主體，一邊交替鉤織花樣編A、花樣
　　　編B（七寶針），再接續沿四周鉤織1段緣編。
　　　開襟衫則是對齊合印記號後，依圖示縫製。
　　　＊花樣編B（七寶針）的織法參見p.40。

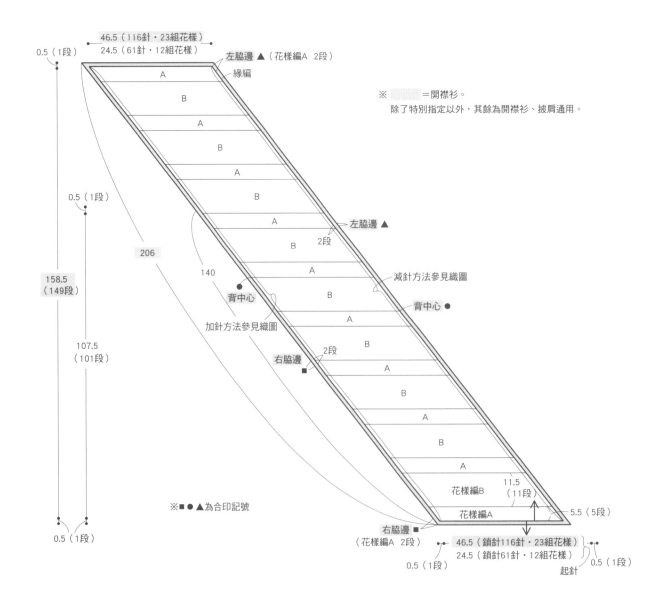

46.5（116針・23組花樣）
24.5（61針・12組花樣）
左脇邊 ▲（花樣編A 2段）
緣編
0.5（1段）

A
B
A
B
A
B
A
B

左脇邊 ▲
2段

206

140

減針方法參見織圖

背中心

背中心 ●

加針方法參見織圖

A
B
A
B

2段

右脇邊
■

A
B
A
B
A
B
A

0.5（1段）

158.5
（149段）

107.5
（101段）

0.5（1段）

※　　　＝開襟衫。
　　除了特別指定以外，其餘為開襟衫、披肩通用。

※■●▲為合印記號

花樣編B

11.5
（11段）

花樣編A

5.5（5段）

右脇邊 ■
（花樣編A 2段）

46.5（鎖針116針・23組花樣）
24.5（鎖針61針・12組花樣）

0.5（1段）

0.5（1段）

起針

花樣編A・B的織法＆加針方法・減針方法・緣編

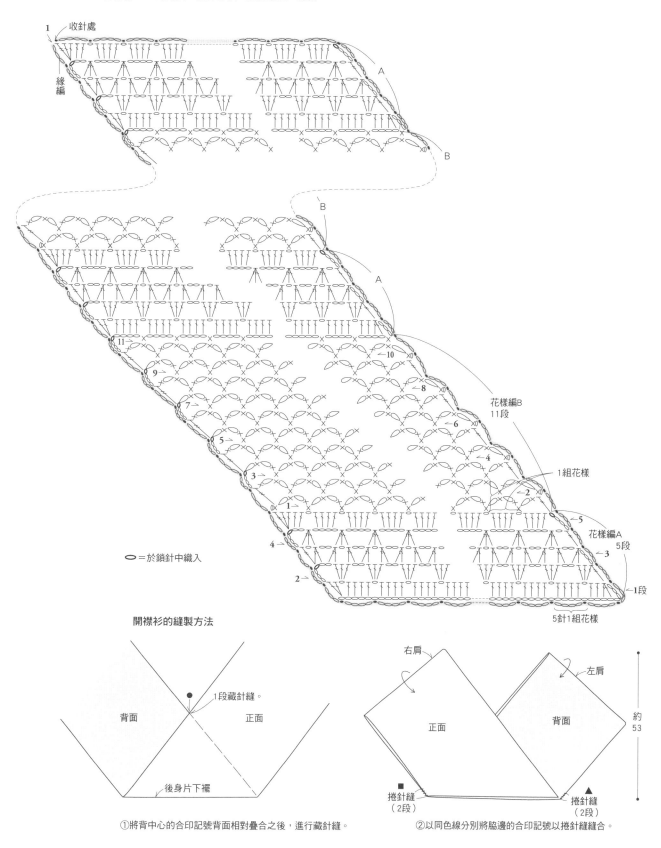

1
收針處
緣編

A
B
B
A

11
9
7
5
3
1
4
2

10
8
6
4
2
5
3
1段

花樣編B
11段

1組花樣

花樣編A
5段

5針1組花樣

○＝於鎖針中織入

開襟衫的縫製方法

背面　　　　1段藏針縫。　　　正面

後身片下襬

①將背中心的合印記號背面相對疊合之後，進行藏針縫。

右肩　　　　　　　　左肩

正面　　　　　　　　背面

約
53

捲針縫
（2段）　　　　　　　　捲針縫
（2段）

②以同色線分別將脇邊的合印記號以捲針縫縫合。

螺線花樣襪

photo
p.27

線材 ⋯ Hamanaka Dear Linen（25g／球）
　　　 白色（1）80g
用具 ⋯ 4/0號鉤針
密度 ⋯ 花樣編　12山29段為10㎝平方
尺寸 ⋯ 長度23.5㎝　深度18.5㎝

織法 ⋯ 取1條織線編織。
腳踝鉤95針鎖針起針之後，接合成環狀，並以花樣編鉤織36段。於襪底側＆腳背側的第1段鉤48針鎖針起針之後，保留腳後跟開口。第2段開始則以花樣編無加減針鉤織36段。腳尖、腳後跟的花樣織片分別進行輪狀起針，依照圖示編織，並一邊於最終段以引拔針併縫腳尖、腳後跟，一邊鉤織；再於腳踝處鉤織緣編。依照相同方式鉤織另一腳的織片。

後中央

收針處

腳背側　　襪底側

12.5
（36段）

腳後跟開口　　鎖針起針48針

12山

腳踝
花樣編

12.5
（36段）

立起針位置

20（鎖針95針・6組花樣・24山）

起針

緣編

0.5（1段）

後中央
（起針處）

花樣織片
腳尖　腳後跟　各1片

5.5
（12段）

11

腳後跟的接縫方法

緣編

腳踝
花樣編

18.5

於織片的最終段，
以引拔針併縫。

腳背側

襪底側

20

23.5

緣編

1段
起針

後中央

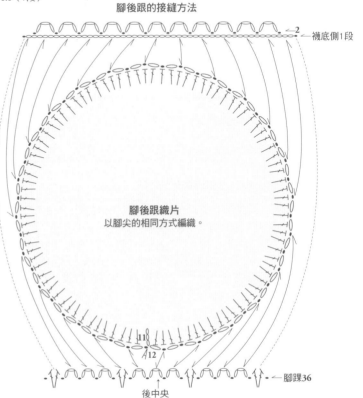

2
襪底側1段

腳後跟織片
以腳尖的相同方式編織。

11
12

腳踝36

後中央

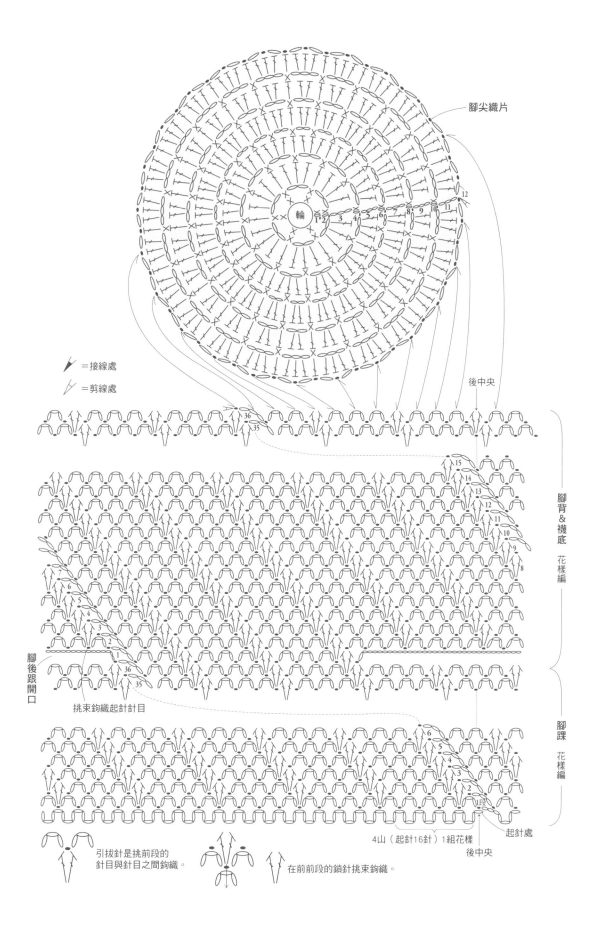

脚尖織片

後中央

＝接線處

＝剪線處

脚背＆襪底
花樣編

脚後跟開口

挑束鉤織起針針目

引拔針是挑前段的
針目與針目之間鉤織。

在前前段的鎖針挑束鉤織。

脚踝
花樣編

4山（起針16針）1組花樣

後中央

起針處

線材 … Hamanaka Flax C（25g／球）
　　　藍色（111）25g　白色（1）25g
　　　藏青色（7）15g
用具 … 3/0號鉤針
密度 … 花樣編　33針23段＝10cm正方形
尺寸 … 寬18cm　袋深19.5cm（提把除外）

織法 … 取1條織線，依照指定顏色編織。
袋底鉤50針鎖針起針，並進行4段短針的輪編。
再以花樣編接續鉤織側面，一邊進行配色，一邊
鉤織43段。最後編織提把，於側面縫合固定。

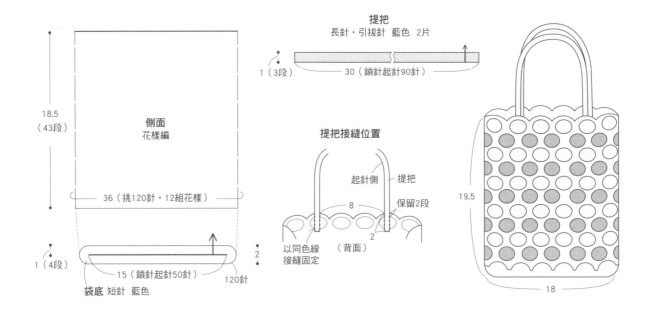

提把
長針・引拔針　藍色　2片
1（3段）
30（鎖針起針90針）

18.5
（43段）

側面
花樣編

36（挑120針・12組花樣）

1（4段）

15（鎖針起針50針）　　120針

袋底　短針　藍色

提把接縫位置

起針側　　提把

8
　　　　保留2段
2
（背面）
以同色線
接縫固定

19.5

18

側面織線的渡線方法
※織線不剪斷，一邊於脇邊渡線，一邊鉤織。

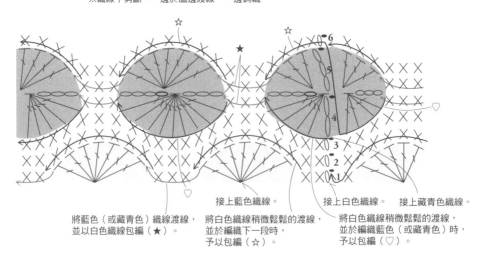

接上藍色織線。
接上白色織線。　　接上藏青色織線。

將藍色（或藏青色）織線渡線，
並以白色織線包編（★）。

將白色織線稍微鬆鬆的渡線，
並於編織下一段時，
予以包編（☆）。

將白色織線稍微鬆鬆的渡線，
並於編織藍色（或藏青色）時，
予以包編（♡）。

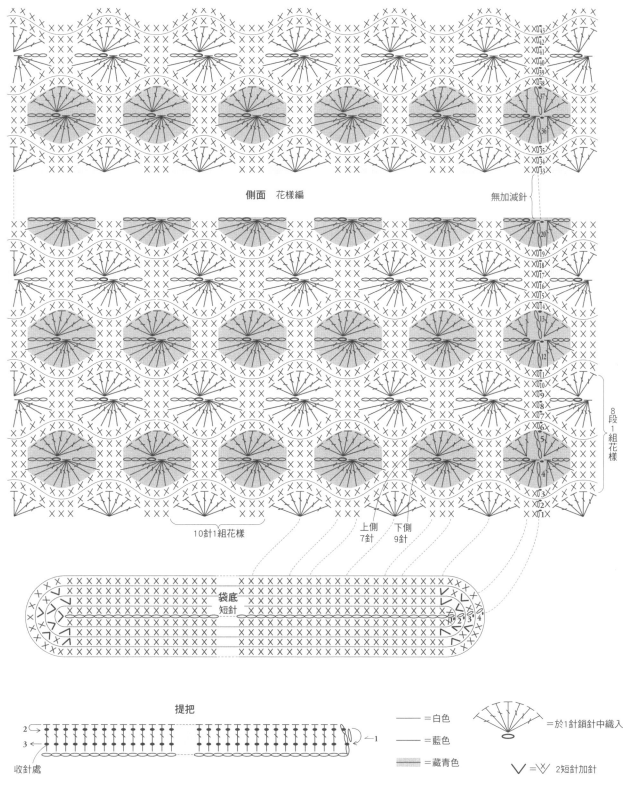

側面　花樣編

無加減針

8段1組花樣

10針1組花樣

上側7針　下側9針

袋底
短針

提把

2→
3←

收針處

―=白色
―=藍色
▬=藏青色

=於1針鎖針中織入

∨ =⅄ 2短針加針

―①

※第2、3段的引拔針是一邊看著織片的背面，一邊鉤織。

鉤針編織的基礎技法

〔開始編織的方法〕

鎖針起針法

1   2   3   4

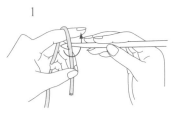  

將鉤針由後側穿入，
掛於左手上的織線之後，扭轉織線。

將掛於食指上的織線掛在鉤針上後，
鉤出織線。

完成 1 針。
重複此一步驟。

編織必要的針數。

由鎖針起針的平編

立起針的
鎖針 3 針

基底針目

裡山

將形成鎖狀的織面朝下，
並將鉤針穿入裡山。

鎖狀織目整齊地排列於下側。

繞線2圈的輪狀起針法

1   2   3

 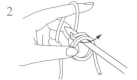 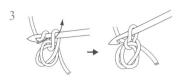

於手指繞線 2 圈。

線端置於前側，
從線圈的中間鉤出織線。

鉤織 1 針。
此一針目算入立起針的針數。

〔織目記號〕

鎖針

1   2   3   4

為最基礎的織法，使用於起針或立起針等針法。

✕

短針

1   2   3   4

具有立起針上 1 針鎖針高度的織目。一次引拔掛於鉤針上的 2 個線圈。

引拔針

1   2   3

於前段的織目中穿入鉤針，掛線之後，一次引拔。

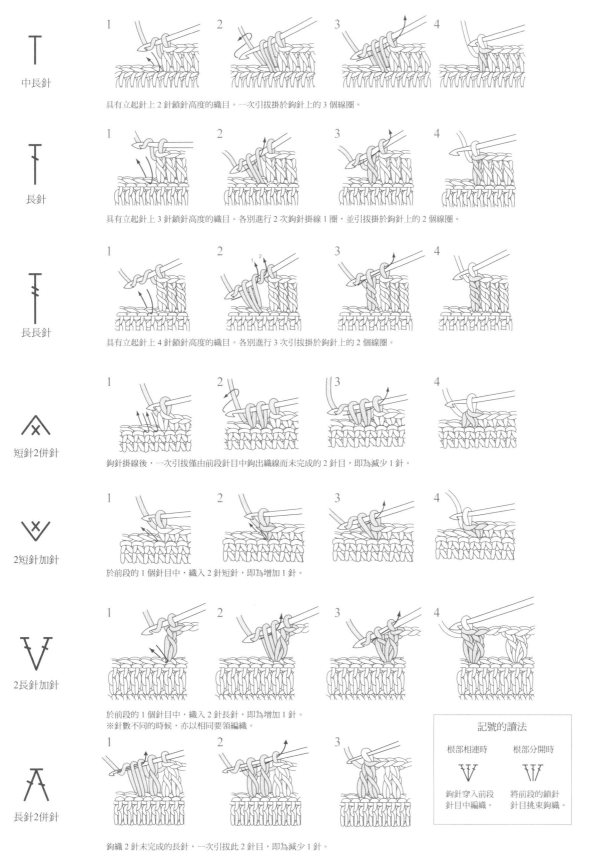

中長針

具有立起針上 2 針鎖針高度的織目。一次引拔掛於鉤針上的 3 個線圈。

長針

具有立起針上 3 針鎖針高度的織目。各別進行 2 次鉤針掛線 1 圈，並引拔掛於鉤針上的 2 個線圈。

長長針

具有立起針上 4 針鎖針高度的織目。各別進行 3 次引拔掛於鉤針上的 2 個線圈。

短針2併針

鉤針掛線後，一次引拔僅由前段針目中鉤出織線而未完成的 2 針目，即為減少 1 針。

2短針加針

於前段的 1 個針目中，織入 2 針短針，即為增加 1 針。

2長針加針

於前段的 1 個針目中，織入 2 針長針，即為增加 1 針。
※針數不同的時候，亦以相同要領編織。

長針2併針

鉤織 2 針未完成的長針，一次引拔此 2 針目，即為減少 1 針。
※針數不同的時候，亦以相同要領編織。

記號的讀法	
根部相連時	根部分開時
鉤針穿入前段針目中編織。	將前段的鎖針針目挑束鉤織。

短針的筋編

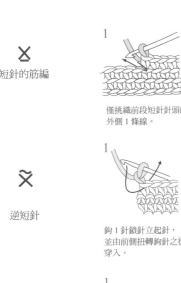

1 僅挑織前段短針針頭的外側1條線。

2 鉤織短針。

3 留下前段針目的前側1條線，形成條紋狀。

逆短針

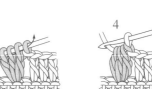

1 鉤1針鎖針立起身，並由前側扭轉鉤針之後穿入。

2 鉤針掛線，僅引拔短針的針頭。

3 一次引拔掛於鉤針上的2個線圈。

4 織完第4針的模樣。穿入鉤針&掛線之後，僅引拔短針的針頭。

5 鉤針掛線後，引拔。

3長針的玉針

1   2   3   4

於前段的1個針目中鉤織3針未完成的長針（長針的步驟3的狀態），一次引拔。　※針數不同的時候，亦以相同要領編織。

3中長針的變形玉針

1   2   3

於前段的1個針目中鉤織3針未完成的中長針（中長針的步驟2的狀態），鉤針掛線，並依箭頭指示引拔。

鉤針掛線，一次引拔掛於鉤針上的線圈。

〔 織入圖案的織法 〕

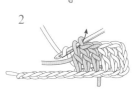

1

2

一邊包編休織的底色線，一邊鉤織長針，引拔織線時，改換配色線。

3鎖針的結粒針

1 鎖針3針

鉤織3針鎖針。依箭頭指示挑織短針針頭的1條線與針腳的1條線。

2 鉤針掛線，一次拉緊引拔全部的織線。

3 完成。於下一針中鉤織短針。※針數不同的時候，亦以相同要領編織。

〔 併縫方法與綴縫方法 〕

藏針縫併縫

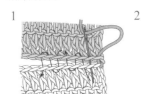
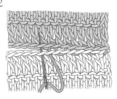

1   2

將織片的正面對齊，併縫線如同ㄇ字般渡線地交替挑縫。

為使織片呈現平坦狀，於每1針拉緊縫線。

捲針併縫（全針）

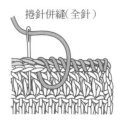

將織片正面朝外對疊，挑鎖針針頭的2條線，使其拼接縫合。

捲針併縫（半針）

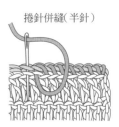

將織片正面朝外對疊，挑鎖針針頭的內側半針，使其拼接縫合。

78

〔花樣圖案的拼接方法〕

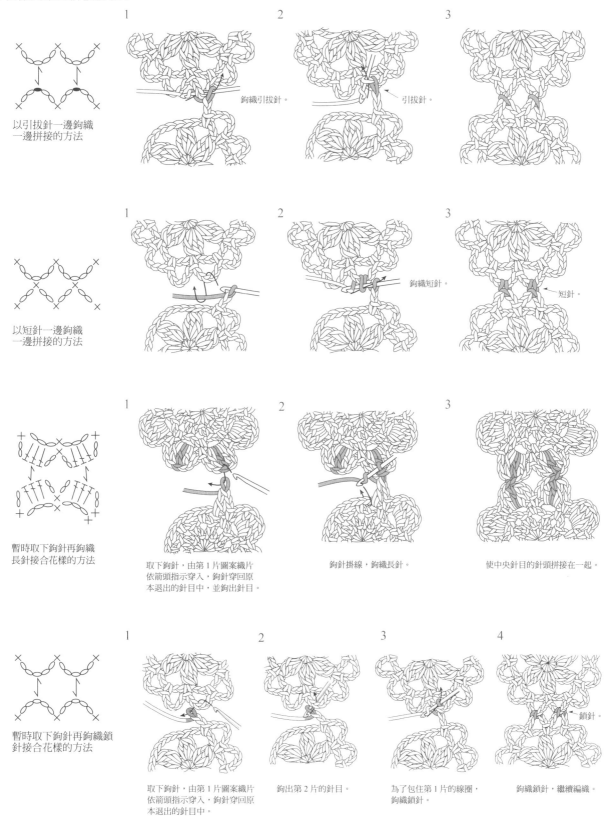

以引拔針一邊鉤織
一邊拼接的方法

1　　2　鉤織引拔針。　　引拔針。　3

以短針一邊鉤織
一邊拼接的方法

1　　2　鉤織短針。　　短針。　3

暫時取下鉤針再鉤織
長針接合花樣的方法

1　取下鉤針，由第1片圖案織片
依箭頭指示穿入，鉤針穿回原
本退出的針目中，並鉤出針目。

2　鉤針掛線，鉤織長針。

3　使中央針目的針頭拼接在一起。

暫時取下鉤針再鉤織鎖
針接合花樣的方法

1　取下鉤針，由第1片圖案織片
依箭頭指示穿入，鉤針穿回原
本退出的針目中。

2　鉤出第2片的針目。

3　為了包住第1片的線圈，
鉤織鎖針。

4　鉤織鎖針，繼續編織。　鎖針。

79

國家圖書館出版品預行編目(CIP)資料

輕盈感花樣織片の純手感鉤織：手織花朵項鍊×斜織披肩×
編結胸針×派對包×針織裙…… / Ha-Na著；彭小玲譯.
-- 初版. -- 新北市：新手作出版：悅智文化發行, 2017.03
面；　公分. -- (樂.鉤織；20)
ISBN　978-986-93962-6-4(平裝)

1.編織 2.手工藝

426.4　　　　　　　　　　　　　　　　106001938

Ha-Na
前田直美

任職於纖維製造商時，取得手編織指導員的資格。離職後，開始著手經營
KnitStudio「Ha - Na」的HP，並開設編織教室講座。
優雅的作品風格深受大眾的喜愛，配合每個人需求的細心指導也大受好
評。現在主要以教室為重心，除了為手藝廠商或編織用書提供作品設計，
更活躍於活動參展等多元領域。
http://ameblo.jp/knithana/

🔘 樂·鉤織 20

輕盈感花樣織片の純手感鉤織
手織花朵項鍊×斜織披肩×編結胸針×派對包×針織裙……

作　　　者／Ha-Na
譯　　　者／彭小玲
發 行 人／詹慶和
總 編 輯／蔡麗玲
執行編輯／陳姿伶
編　　　輯／蔡毓玲·劉蕙寧·黃璟安·李佳穎·李宛真
封面設計／韓欣恬
美術編輯／陳麗娜·周盈汝
內頁排版／鯨魚工作室
出 版 者／Elegant-Boutique新手作
發 行 者／悅智文化事業有限公司
郵撥帳號／19452608　戶名：悅智文化事業有限公司
地　　　址／220新北市板橋區板新路206號3樓
電　　　話／(02)8952-4078
傳　　　真／(02)8952-4084
網　　　址／www.elegantbooks.com.tw
電子郵件／elegant.books@msa.hinet.net

2017年3月初版一刷　定價320元

Staff

書 籍 設 計／天野美保子
攝　　　影／藤岡由起子（封面·P.1至P.30）·中辻渉（P.31至P.40）
造 型 師／前田かおり
髮型＆化妝師／KOMAKI
模 特 兒／シエナ C
電 腦 繪 圖／大楽里美·白くま工房
校　　　閱／向井雅子
編　　　輯／永谷千絵（Little Bird）·三角紗綾子（文化出版局）
日文版發行人／大沼淳

製作協力

川東良子·紺野美希·菅野美貴子·高橋法子·遠山美沙子
蜂谷裕子·山本久仁子

經銷／高見文化行銷股份有限公司
地址／新北市樹林區佳園路二段70-1號
電話／0800-055-365　　傳真／(02)2668-6220

樂・鉤織 01

從起針開始學鉤織

BOUTIQUE-SHA◎授權
定價300元

樂・鉤織 02

親手鉤我的第一件
夏紗背心

BOUTIQUE-SHA◎授權
定價280元

樂・鉤織 03

勾勾手，我們一起學
蕾絲鉤織

BOUTIQUE-SHA◎授權
定價280元

樂・鉤織 04

變花樣&玩顏色!親手鉤出
好穿搭的鉤織衫&配飾

BOUTIQUE-SHA◎授權
定價280元

樂・鉤織 05

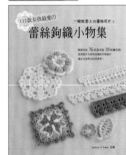

一眼就愛上的蕾絲花片!
111款女孩最愛的
蕾絲鉤織小物集

Sachiyo Fukao◎著
定價280元

樂・鉤織 06

初學鉤針編織の
最強聖典

日本Vogue社◎授權
定價350元

樂・鉤織 07

甜美蕾絲鉤織小物集

日本Vogue社◎授權
定價320元

樂・鉤織 08

好好玩の梭編蕾絲小物

盛本知子◎著
定價320元

樂・鉤織 09

Fun手鉤!我的第一隻
小可愛動物毛線偶

陳佩瓔◎著
定價320元

樂・鉤織 10

日雜最愛的甜美系繩編小物

日本Vogue社◎授權
定價300元

雅書堂 EB 新手作

雅書堂文化事業有限公司
22070新北市板橋區板新路206號3樓
facebook 粉絲團:搜尋 雅書堂
部落格 http://elegantbooks2010.pixnet.net/blog
TEL:886-2-8952-4078 · FAX:886-2-8952-4084

樂・鉤織 11

鉤針初學者の
花樣織片拼接聖典
日本Vogue社◎授權
定價350元

樂・鉤織 12

襪!真簡單 我的第一雙
棒針手織襪
MIKA*YUKA◎著
定價300元

樂・鉤織 13

初學梭編蕾絲の
美麗練習帖
sumie◎著
定價280元

樂・鉤織 14

媽咪輕鬆鉤!0至24個月的
手織娃娃衣&可愛配件
BOUTIQUE-SHA◎授權
定價300元

樂・鉤織 15

小物控愛鉤織!
可愛の繡線花樣編織
寺西惠里子◎著
定價280元

樂・鉤織 16

開始玩花樣!
鉤針編織進階聖典
針法記號118款&花樣編123款
日本Vogue社◎授權
定價350元

樂・鉤織 17

鉤針花樣可愛寶典
日本Vogue社◎著
定價380元

樂・鉤織 18

自然優雅・手織的
麻繩手提袋&肩背包
朝日新聞出版◎授權
定價350元